5G革命

新流量时代商业方法论

许宏金　著◎

電子工業出版社
Publishing House of Electronics Industry
北京 • BEIJING

内 容 简 介

近年来，5G 已经成为通信行业探讨的热点，其优势主要在于高传输速率、更低的时延和超大宽带。在未来，随着 5G 的发展，它将与大数据、区块链、人工智能等技术相结合，并应用到更广泛的领域中。

本书阐述了 5G 的标准、面临的挑战、关键技术和特点等，为方便读者更好地了解 5G 在各行业的研发现状与前景，本书以章节划分不同行业，来分析 5G 在不同行业的具体应用。

5G 的发展及与各行业的融合已成趋势，企业在发展中，只有抓住时代发展的脉搏，才会使自己立于不败之地。因此，关注 5G 的研发现状及在各行业的发展前景，对于企业开拓新道路、获得新的发展机遇来说是十分重要的。

图书在版编目（CIP）数据

5G 革命：新流量时代商业方法论 / 许宏金著. —北京：电子工业出版社，2019.11

ISBN 978-7-121-37737-2

Ⅰ. ①5… Ⅱ. ①许… Ⅲ. ①无线电通信—移动通信—通信技术 Ⅳ. ①TN929.5

中国版本图书馆 CIP 数据核字（2019）第 236087 号

责任编辑：刘志红（lzhmails@phei.com.cn）
印　　刷：天津千鹤文化传播有限公司
装　　订：天津千鹤文化传播有限公司
出版发行：电子工业出版社
　　　　　北京市海淀区万寿路 173 信箱　邮编　100036
开　　本：787×980　1/16　印张：12.25　字数：274.4 千字
版　　次：2019 年 11 月第 1 版
印　　次：2019 年 11 月第 1 次印刷
定　　价：80.00 元

凡所购买电子工业出版社图书有缺损问题，请向购买书店调换。若书店售缺，请与本社发行部联系，联系及邮购电话：（010）88254888，88258888。

质量投诉请发邮件至 zlts@phei.com.cn，盗版侵权举报请发邮件至 dbqq@phei.com.cn。

本书咨询联系方式：（010）88254479，lzhmails@phei.com.cn。

前 言

PREFACE《

5G 的发展是未来的趋势，当前许多科技巨头已经开展了对 5G 的研发和应用，既有合作，也有竞争。而随着 5G 的普及和在各行业应用的加深，许多企业都必须拥抱 5G，依托先进技术来促进自身的发展。

对于各企业来说，在 5G 的研发与应用中，挑战与机遇并存。一方面，5G 的研发与应用需要企业投入大量的人力与资本，会在一定时间内影响企业的发展；另一方面，作为一种新兴的技术，企业的研发也都处于同等地位，最先研发成功的企业也将迎来爆发式的发展；而若企业不主动出击，就会在竞争中处于不利地位，甚至被市场淘汰。

因此，为了自身的发展，企业一定要勇于抓住机遇，积极研发新技术，引入新应用，使企业的发展跟随时代潮流，这样企业才会获得生机与活力。

本书对 5G 在各行业的研究现状和发展前景做了详细的讲解，并结合图表和案例，使得内容表述更加简洁、易懂，便于读者学到更多有实用价值的知识和方法，以及技巧。通过阅读本书，企业可以了解 5G 的应用优势，便于为自身的发展寻找更有效的途径。

本书内容及体系结构

第一部分：第 1～3 章

第 1～3 章是对 5G 的介绍，包括 5G 的标准、关于 5G 的不同观点、发展历程、优势和挑战、特点与关键技术等。通过对本部分的学习，读者可以对 5G 有充分了解，为以后的学习打下坚实基础。

第二部分：第 4 ~ 15 章

第 4 ~ 15 章主要阐述了 5G 在各个行业的研发现状及应用前景，具体包括：5G 与人工智能、5G 与智能制造、5G 与农业、5G 与智慧城市、5G 与智慧物流、5G 与新零售、5G 与智慧医疗、5G 与车联网及智能驾驶、5G 与智能家居、5G 与娱乐产业、5G 与教育、5G 与社交等板块。本部分穿插了一些经典案例，旨在让读者更加深切地体会到 5G 的巨大优势和潜力。通过这一部分的学习，读者能清楚地知道 5G 具体可以被应用到哪些行业，发挥什么样的作用。

第三部分：第 16 章

第 16 章讲述当前不同国家与企业在 5G 研发方面的成果，不少国家与企业都加紧了对 5G 的研发与应用，并由此产生了各种与 5G 相结合的先进的应用。通过本章的阅读，相信读者会对未来 5G 的发展产生更多的期许。

目　录

CONTENTS

第 1 章

掌握 5G：标准+观点

5G 也称第五代移动通信技术，理论上，下载速度可达到 1.25Gb/s，无论是物联网还是互联网的进步都成为推动 5G 发展的重要因素。当今，无论是中国，还是全球各地都在大力推广 5G。本章将具体介绍 5G 的标准、关于 5G 的不同观点和 5G 的过去与未来。

1.1 5G 的标准

未来的 5G 不断朝着多元化、智能化方向发展，智能终端普及后，移动流量也会迅速增长。5G 标准的制定也逐渐成为移动国际组织需要探讨的问题，中国在 5G 标准的制定中起到举足轻重的作用，5G 标准新一轮的投票交锋也再次引发了公众的普遍关注。

1.1.1 5G 的标准是什么

在 2017 年 12 月，首个 5G 新空口正式冻结并发布，这不仅意味着 5G 标准的顺利落地，也预示着 5G 时代的开启。此后，中国运营商和设备商在 5G 标准制定中的话语权明显上升。

5G 新空口确立了基站与终端之间的通信频段，低频为 600MHz、700MHz 频段，中频为 3.5GHz 频段，高频为 50GHz 频段。5G 新空口是手机与基站的连接方式，同时也是 5G

的“最后一公里”环节，其内容主要包括以下3点。5G新空口的内容如图1-1所示。

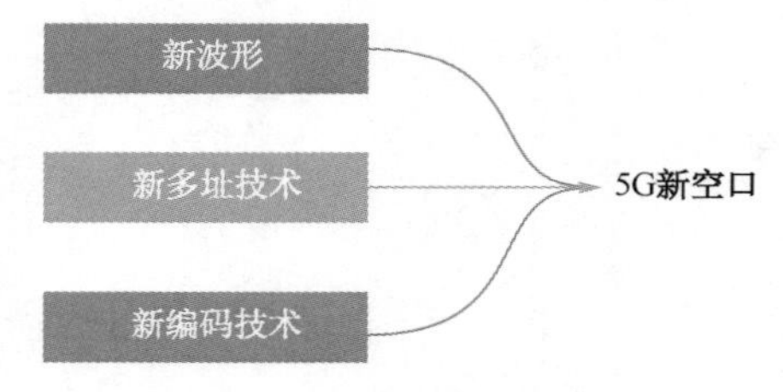

图1-1　5G新空口的内容

1. 新波形

如今，4G的波形已经无法满足5G的需要，而新波形则能够有效提高频谱的利用效率，降低不同子带之间的保护成本，适应不同业务对频段的不同要求。对于5G新空口而言，新波形是一个非常重要的基础。

2. 新多址技术

新多址技术主要用于5G新空口的分配，是提高数据连接速率的法宝。因为新波形实现了频段、时域的灵活性，所以要想进一步提升频谱的利用效率，就要从空域和码域入手。5G引入了稀疏的码本，实现了码域多址的3倍提升，并降低了数据延迟。

3. 新编码技术

新编码技术的目的是用较低的成本实现信息的准确传送。在误码率相同的情况下，成本越低，编码效率越高。极化码的出现，提高了编码的纠错功能，解决了垂直可靠性的问题，降低了译码的难度与传感器的功耗。

总之，上述5G新空口的三大内容都有各自的作用。首先，新波形统一了基站的基础波形，提高了频谱的利用效率；其次，新多址技术和新编码技术提高了数据连接的速率与可靠性，充分满足了5G的发展需要。

可以肯定的是，5G新空口建立以后，无论是在无人驾驶、智慧城市应用，还是在智慧医疗、智能家居等行业，各大运营商都将进行5G场景化测试，推动5G尽快落地。

1.1.2　推进5G标准的两大国际组织

5G的全球化推进离不开国际组织的支持，3GPP和GSMA就是和通信技术相关的两大国际组织。其中，3GPP 主要对 5G 标准进行制定，而 GSMA 则专注于 5G 的运营推广。

3GPP 的全称是“Third Generation Partnership Project”（第三代合作伙伴计划），最初，该国际组织的目的是为 3G 网络制定全球通行的标准，之后又确立了 4G 网络的标准。目前，3GPP 正致力于 5G 标准的研究，而且据相关资料显示，3GPP 的七大成员如图 1-2 所示。

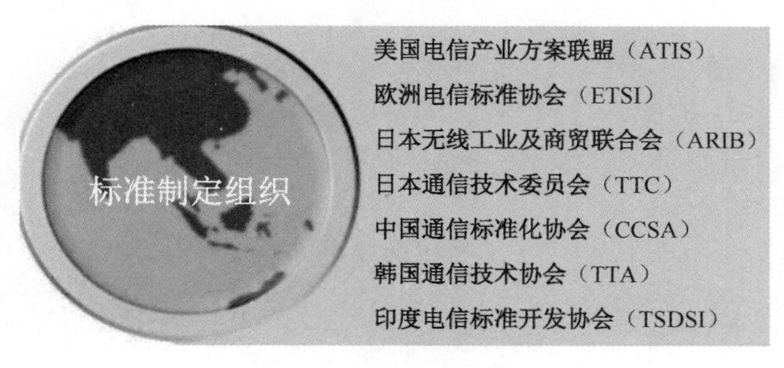

图 1-2 3GPP 的七大成员

上述七大成员负责在 3GPP 发布技术规范后，结合各自区域的需求，将此技术规范转换为个性化的标准。要想成为 3GPP 的成员，首先得加入各地的标准组织，例如，中兴、华为、移动就是先加入了中国通信标准化协会，再共同参与 5G 标准的制定。截止到 2018 年 1 月，加入中国通信标准化协会的企业、科研团体、组织已经达到 84 个，其为 5G 标准的制定做出了巨大的贡献。

3GPP 组织中有项目协调组（PCG）与技术规范组（TSG），PCG 负责 3GPP 的管理、工作计划及分配等，TSG 负责技术方面的工作。3GPP 制定的端到端系统技术主要由手机、无线接入网、核心网和服务四个系统组成，手机上网和接打电话都是通过这四个系统协作实现的。通常来说，3GPP 制定 5G 标准的步骤如图 1-3 所示。

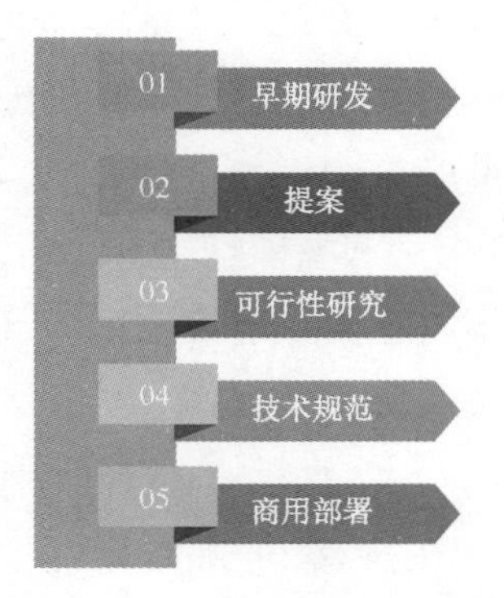

图 1-3 3GPP 制定 5G 标准的步骤

1. 早期研发

由 3GPP 成员提出愿景或需求，并进行早期研究，如果系统或功能可行，再交给 3GPP 进行审核。

2. 提案

所有成员都可以向 3GPP 进行提案，但是提案必须获得至少 4 个成员支持才会生效。提案经由标准制定组集体讨论，如若被采纳则进入下一环节：可行性研究。

3. 可行性研究

经过多轮测评和考核后，项目组将提案总结成技术报告，再交由标准制定组决策，测评后，若在技术上可行，则进入下一环节：技术规范。

4. 技术规范

技术规范就是将任务划分为若干技术模块，并完成，而后经过 TSG 决策，最终形成发布版本。

5. 商用部署

5G 标准制定完成后，各成员必须按照 3GPP 的规则，将 5G 进行商用部署。在这一过程中，可能会出现需要改进的环节，这时就需要向 3GPP 递交变更请求，得到反馈后，方可进行相应的改进。

除 3GPP 以外，另一大国际组织 GSMA（全球移动通信系统协会）也会参与进来，主要负责 5G 的运营、推广。GSMA 是代表全球运营商的国际组织，连接了全球移动网络系统中近 800 家运营商，以及近 250 家企业。

2019 年 2 月，GSMA 发布了名为《智能连接：如何将 5G、人工智能、大数据和物联网组合和改变一切》的报告，该报告主要介绍了 5G 对于未来生活的改变，具体内容如下。

1. 数字娱乐方式

报告详细介绍了 5G 虚拟现实在游戏、电视、电影中的实际应用。例如，用户在家中头戴 VR 耳机观看比赛就会有身临其境之感，在游戏中也可获得更好的社交互动体验。

2. 安全快速的运输

5G 和其他设备的对接，可以准确定位汽车、行人的实时位置，对车辆速度进行智能调配，不仅提高了交通速度，也可有效避免交通事故的发生。对于天气、交通拥堵等情况，人工智能也能做出合理安排，为用户提出合理建议。

3. 工业连接

将工业机器人用于工程设备的生产和维护，可以降低用人成本，通过 5G 还能实现对工厂和设备的远程操控，提高生产效率。

4. 智能农业

5G 应用到，智能农业中，能够对化肥和水利设施的使用施行实时监测，有效提高农作物产量，同时减少资源浪费。

综上所述，3GPP 和 GSMA 两大国际组织为 5G 标准的制定和实施做出了巨大贡献，而且，未来还将继续为 5G 的普及不断努力。

1.1.3 中国在 5G 标准制定中的参与度

2019 年 3 月，GSMA 发表了《中国移动经济发展报告 2019》(以下简称《报告》),《报告》对中国的移动市场进行了展望，指出中国的 5G 有望达到全球领先水平。另外，相关数据显示，预计到 2025 年，中国的 5G 连接量将达到 4.6 亿个，占全球总量的 28%。

从 2017 年开始，中国就参与了 5G 标准的制定，将 5G 作为未来的发展方向，积极同世界各国展开研发合作。在 2017 年 3 月举办的 3GPP RAN 群体会议上，各国对 5G 标准进行了确立，中国更是为此次会议贡献了自己的力量。

2018 年 6 月,在上海举办的世界移动大会彰显了中国在 5G 行业的成就。GSMA 和 GTI 两大国际组织一致认为：中国对于 5G 的探索和实践为其他国家起到了示范性作用。

2019 年 1 月，在意大利索伦举办的 RAN#82 大会上，3GPP 宣布了完整的 5G 性能规范，中国电信主持了 5G 基站的性能测试和标准制定，并同时负责后期的校验工作。随后，中国电信与华为展开了正式合作，打造了中国首个 SRv6 商用试点，推动了 5G 的商用发展。

截止 2019 年 4 月底，中国电信携手华为实现了成都双流机场、火车东站、熊猫基地和都江堰等交通枢纽和特色景区的 5G 全覆盖。此外，成都东站还开通了中国首个 5G 春运直播，顺利完成了长达 12 小时、低时延、无卡顿的直播活动，展示了 5G 的快速、便捷。

2019 年 3 月，中国电信通过 5G、8K、VR 等技术为第 26 届《东方风云榜》音乐盛会进行直播，让观众充分感受全沉浸式的观看体验，展现了业内创新技术。对此，不少观众表示，由于 5G 的引进，无论是灯光，还是舞美的设计都非常震撼，VR 的直播效果甚至超过了现场体验。

由此可见，中国在 5G 标准的制定中起着重要作用，出席各大国际组织峰会，在技术研发方面做出了卓越贡献，并一直在为 5G 的应用、普及、推广而不断努力。

1.1.4 5G 标准投票的交锋

一般来说，5G 标准需要各国经过一系列复杂的流程和数轮投票才可以正式确立。从 2016 年到现在，3GPP 已经发起了 3 次关于 5G 编码方案的投票，交锋的主角有三个，分别是 Polar、LDPC 和 Turbo。

LDPC、Polar 分别由美国学者和土耳其学者提出，而 Turbo 则由欧洲主导研发，是 4G 正在使用的一种编码。2016 年 8 月，在 3GPP 的第一次编码投票中，这三种编码被列为 5G 增强移动宽带的备选技术，并被正式提案。但是此次会议，三者均由不同成员支持，票数较为分散，因此还需要进行下一轮投票。

3GPP 的第二次编码投票于 2016 年 10 月召开，此次投票的“大赢家”是 LDPC 和 Polar。LDPC 由于技术上的优势明显，共获得 Ericsson（爱立信）、Sony（索尼）、Sharp（夏普）、Nokia（诺基亚）、Samsung（三星）、Intel（英特尔）、KT（高通）、Lenovo（联想）等 16 家企业的支持，而 Polar 提案则得到了华为的认可。

另外，LG 和 NEC 两家企业则认为应同时应用 Turbo 和 LDPC 两项技术，另有中兴、努比亚、小米、酷派等七家企业认为应同时应用 Polar 与 LDPC 两种技术。因为在此次投票的最后阶段，华为选择弃权，所以 LDPC 以压倒性优势获得了长码方案数据的投票，而短码方案则为待定状态。

2016 年 11 月，第三次 3GPP 大会主要对短码方案和控制信道进行了进一步讨论。在短码方案的投票中，联想和摩托罗拉等企业都和华为一同支持 Polar 方案，但无奈不敌高通、爱立信和其他一大批西方老牌企业对 LDPC 的支持，最终短码方案也败给 LDPC。在控制信道的投票中，Polar 共获得了中国移动、中国电信、中国联通三大运营商，以及大唐电信、摩托罗拉、VIVO、OPPO、联发科等企业的支持。

从上述投票的过程可以看出，Polar 终于在各个企业的联合支持下赢得了控制信道的投票，但 LDPC 也因高通在国际上的影响力和较为成熟的技术获得了较多支持。

1.2 关于 5G 的两种不同观点

当前对于 5G 有两种不同的观点，一种观点认为 5G 是一个全新的技术，而不是在 4G 上的演变；另一种观点认为 5G 是 4G 的进化，4G 是 5G 的奠基石。由于 5G 还处于研发阶段，因此，以上两种观点也为今后 5G 的应用提供了新的可能。

1.2.1 5G 将是全新技术

5G 时代即将来临，其速率明显高于 4G，并拥有 4G 无法比拟的优势。华为无线网络市场总监认为，5G 将是全新的技术，也是科技的一次质的飞跃，推动着网络架构不断地提升。截止 2018 年 5 月底，5G 标准达成一致之前，全球各大通信企业都在为 5G 做准备。

1. 华为

华为一直在进行 5G 的研发，新线路作为 5G 的关键技术也同样引起了华为的重视。华为通过对 All-Cloud 技术的研发，大大提升了网络传输速率，并在此基础上建立了全新的网络传输系统，也将 25GWDM-PON 技术放入 5G 的构架当中，成为解决 5G 传输问题的关键一环。

2. 思科

思科是来自美国的全球互联网供应商，在 5G 的线路建设上，其采用 QSFP-DD 的 5G 光器件标准，并通过 Double-Density 技术为 5G 提供强大的聚合能力，同时，还致力于尽快实现单模块支持 400Gb/s 链路。

3. 诺基亚

诺基亚的自主技术研究平台设计的 1830 PSE-3 是为数据中心建立的数据交换设备，散热和功耗都保持在较低水平，客户端的运转速率可达100到200Gb/s，线路端可达400Gb/s；诺基亚的另一款1830 Mobile Transport设备运用了算法机制和无源光调制，有效降低了5G的延时，非常适合小基站和交换机之间的网络传输。

4. Finisar

Finisar是全球领先的光器件商，对于5G的通信系统也着力推出了200Gb/s、/400Gb/s光器件设备，以及CFP4和CFP8系列产品，其中，CFP系列产品的封装模式还获得了传输主干网设备制造商Ciena的支持。

5. 英特尔

英特尔为尽快适应5G的应用也开拓了光器件事业部，并根据数据中心需求，设置了独特封装标准的QSFP CWDM8，用8个50Gb/s链路并联限度实现总传输速率400Gb/s，同时研发了能适应极端温度的100Gb/s的QSFP28模块。

由此可见，各大通信企业都在为迎接5G的到来做准备。正是因为5G是全新的技术，所以，各大企业才需要加大研发力度，研发新的网络路线和设备。

5G不只是技术的发展，更是一次变革，这意味着网络架构需要提升，5G对网路的需求与4G不同。虽然4G仍会不断演进，但其不会演变成5G，5G将是一项全新的技术。

1.2.2 5G是4G的必然演进

5G已得到了许多国家的重视，新技术的发展是用户和时代的共同需求，任何国家的企业想要在未来获得盈利，终究离不开对5G的应用。在这种情况下，以中兴为代表的不少企业支持“5G是4G的必然演进”这一观点。

任何新一代技术，都不可能和上一代技术一样，5G不同于4G，它们在技术原理、运行方式、部署的办法等方面都十分不同，但若没有4G的技术作为根基，或者说如果没有5G对4G的传承，那么5G的发展也是空中楼阁。

5G不是横空出世的，5G是4G技术的演进，没有4G的基础就没有5G。

很多5G研发机构也是选择两条腿走路：一方面推动4G的演进，一方面研发5G。

5G的大宽带和高传输速度，是对4G宽带的演进，加大带宽是开始，由此产生的毫米波、微基站、波束赋形等都是其发展的技术趋势。5G对大规模天线阵列、新型空口设计的技术很多也是基于4G网络发展而来的。

例如，软空口技术，它融合了Pre5G的硬件处理技术，使运营商实现了4G到5G的升级。在4G到Pre5G的发展中，终端保持不变。Pre5G到5G的过程中，基站也不用更换。

5G是在4G的基础上升级而来的，是技术的积累和演进，没有3G、4G的发展，就没有5G。5G的演进是技术发展的必然结果，也是用户需求提高的必然要求，当然，也要有创新才能实现演进。

1.3 5G的过去与未来

5G是时代发展的产物，分析5G的过去与未来可以更清晰地了解5G发展的脉络，了解其与4G的不同和未来的发展趋势。

1.3.1 5G有多快

“5G究竟有多快”是不少用户非常关注的问题，迅捷的网速也是5G实际应用的重要条件。2019年4月25日，美国电信运营商AT&T宣布，其测试的5G的速率已经达到2Gb/s。但是目前AT&T网络条件下还没有配套使用的5G手机，三星即将推出的S10将会成为AT&T的5G定制手机。

美国著名IT杂志选择在得克萨斯户外对AT&T的5G进行测试，结果显示，移动设备距离基站46m时信号强度最大，网速最快，其中笔记本电脑的下载速度可达1.3Gb/s，但是三星S10的速度仅为465Mp/s。而且5G的信号在距离基站183m左右会大幅减弱，并出现不稳定的状态。

建筑物对5G的信号也会有较大程度的影响，在同样距离基站90m的情况下，无建筑物遮挡时的网速可达319Mp/s，而在透明玻璃式的建筑物的遮挡下，网速则仅为92Mb/s。由此可见，虽然5G的网速和4G相比已经出现了质的飞跃，但是在实际应用中还会存在信号不稳的问题，所以还需继续维护和调配以适应实际需要。

很多用户也会十分关心5G的计费情况，因为网速快势必会带来流量的增长，按照当前流量的计费模式，5G的计费也必然是一笔很大的开销。AT&T的CEO预测5G的计费很有可能会以网速为基础，而不是沿用传统的方法。

中国移动虽然还没有正式出台 5G 的计费模式，但已经明确表示 5G 的计费价格不会高于 4G。并且在整个网络提速降费的环境下，中国移动肯定会适当降低 5G 的计费价格。

1.3.2 5G vs 4G

5G 的网速明显超过 4G，那么 5G 和 4G 还有哪些不同？5G 又会给未来的生活带来哪些改变？这已经成为不少用户关心的问题。本节将主要从技术区分、现实生活变化、5G 未来发展 3 个方面进行详细介绍，5G vs 4G 如图 1-4 所示。

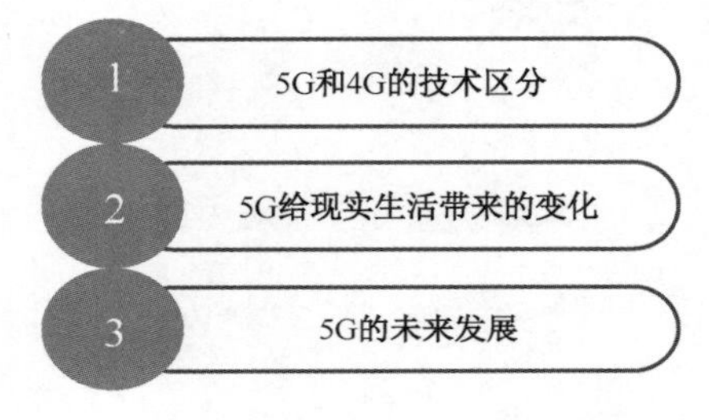

图 1-4 5G vs 4G

1. 5G 和 4G 的技术区分

（1）频段不同

5G 的网速比 4G 更快，网速取决于电磁波的频率，频率越高，网速越快，即当电磁波处于较低频段时，网络的覆盖率较大，消耗的资源也较多。于是，5G 就充分利用了闲置的高频段资源，大幅度提高了网速。

（2）时延性降低

5G 的每千平方米连接数能达到 4G 的 100 倍。因此，和 4G 相比，5G 的延时能大幅度降低，并对现实生活产生较为明显的影响。

2. 5G 给现实生活带来的变化

（1）物联网的发展

通过 5G 的应用，数据处理的精细度有了很大提高，物联网终端也可以直接链接到智慧城市、智慧家庭、智能物流等诸多方面。

（2）无人驾驶技术的革新

由于 5G 具有低时延的特点，无人驾驶技术也将更加成熟。首先，低时延的数据联网可以防止无人驾驶汽车行驶到交通拥堵和施工的路段，从而提高出行的效率；其次，可以避免疲劳驾驶，降低交通事故的发生概率。

（3）VR（虚拟现实技术）的实践

VR 的发展还不够成熟，不少用户都反映，使用 VR 的时候，经常会有眩晕感，这主要是因为数据的传播速度和大脑、眼睛的反应速度之间出现延迟，让身体产生不适。5G 的低时延能有效解决这个问题，从而使 VR 的广泛应用指日可待。

3. 5G 的未来发展

预计在 2019—2024 年，全球将有 88 个市场实现 5G 的运营，5G 的网速会有更大提升，延时也将大大降低。另外，不少业内人士认为，5G 将会取代 WiFi，因为当前 WiFi 的优势在于价格低、网速快，但是当 5G 发展到一定阶段时，基站也将被取消，费用也会进一步降低，这时，WiFi 的优势就都会失去，很有可能被 5G 代替。

1.3.3 未来的 6G 需求

5G 的网速是当前 4G 的 10 倍，而 6G 的网速理论上可达到 1Tb/s，即 5G 的 100 倍。也就是说，使用 5G 下载一部两个小时的高清电影只需要 2s，而使用 6G 下载则只需 0.01s，相当于无卡顿在线观看。

随着移动技术的迭代，5G 将逐渐实现万物互联。用户只需要一部手机就可对智能家居进行远程控制，也可在下班之前就让机器人做好家务，同时实现对房屋的实时监控，随时呼叫无人驾驶汽车等。

当前 5G 主要解决的是信息传递速率问题，距离真正的万物互联还有一定差距，但是，6G 就很可能真正达成万物互联的目标。

此前，已有专家指出，6G 可通过地面无线和卫星实时系统连接全球的信号，即便是在偏远的乡村，信号也可以畅达无阻。此外，6G 还能通过全球卫星定位系统、地球图像系统和 6G 地网的连接，准确预测天气变化和自然灾害，防患于未然。

6G 有哪些特点？6G 在技术上的表现有网络“致密化”、空间复用和动态频谱技术+区块链共享等特点，6G 的技术特点如图 1-5 所示。

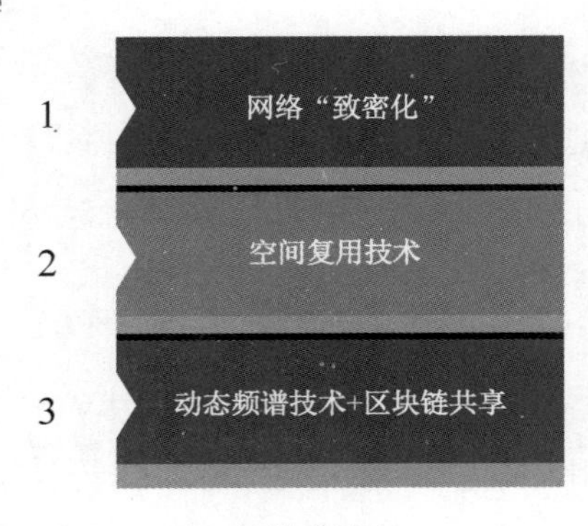

图 1-5　6G 的技术特点

1. 网络“致密化”

6G 和 5G 最大的不同就是网络的致密化水平更高，小基站的数量也更多。6G 使用的是 100GHz～10THz 的太赫兹频段，频率高于 5G，网速也明显快于 5G。这是因为频率越高，宽带范围越大，传输的数据量也就越多。并且，高频段的开发也能拓展宽带的数据传输。

但是信号的频率越高，波长就越短，信号能够绕开障碍物的能力就越弱。由于 6G 的信号传播范围小于 5G，所以在 6G 时代，需要密度更大的小基站来保证信号有效传播。

2. 空间复用技术

空间复用技术是指 6G 基站可通过成百上千个无线连接，将 5G 基站的容量扩充 1000 倍。不过，虽然 6G 使用的太赫兹频段信息容量较大，但仍需面对提高覆盖率和抗干扰等方面的问题，毕竟频率越高，损耗越大，信号的覆盖率就会相应减弱。

5G 也和 6G 面临同样的问题，目前是通过 Massive MIMO 和波束赋形这两项技术进行解决。Massive MIMO 是通过增加天线的数量的方式减少信号的耗损，而波束赋形则是指通过算法对波束进行管理，使波束形成和聚光灯一样的信号覆盖，提高信号的传播率。这两项技术 对于未来 6G 技术的应用也同样具有建设作用。

3. 动态频谱共享+区块链

6G 网络采用“频谱共享”而不是“频谱拍卖”的方式实现信号的智能分布。“频谱拍卖”是指通过对频谱公开拍卖的方式将某频段授权给使用者，这种方式的应用主要集中在欧洲和美国等地区。但是“频谱拍卖”的方式不能适应 6G 时代频谱利用需求，因此，6G

网络很有可能采用“区块链动态频谱共享”的方式合理安排资源的配置。

从 6G 网络的技术讨论中可以看出，6G 网络的应用也并不是遥不可及的想象。5G 毫米波技术的基础理论早在 2000 年就已经完成；而 6G 技术的太赫兹频段也有不少国家开始研发，相信 6G 时代不久就会到来，给人们的生活带来更多的变化。

第 2 章

找准 5G 优势，直面挑战

5G 的发展面临着各种挑战，其中较为严峻的就是技术和市场。同时，5G 的优势也十分明显，毫米波、小基站、波束成形、全双工等为 5G 的发展带来了技术上的支持。

2.1 5G 面临的挑战

在国际组织 3GPP 的协商和各国通信企业与运营商的共同努力下，5G 标准正在逐步建立。不过，5G 的应用还是面临着很多挑战。

2.1.1 频谱：缺乏一致性

对于 5G 来说，频谱属于稀缺资源，分配上缺乏一致性已经成为自身应用中必须要面临的挑战。作为频谱分配的主要方式，拍卖正在被许多国家采用。

例如，西班牙 5G 频谱的总投标价格为 4.37 亿欧元，韩国 5G 频谱拍卖的总费用高达 3.61 万亿韩元。中国 5G 频谱则采用分配方式，已于 2018 年 12 月尘埃落定，中国三大运营商对 5G 频谱的分配如表 2-1 所示。

表 2-1　中国三大运营商对 5G 频谱的分配

三大运营商	频　谱
中国移动	4.8～4.9GHz 的 160MHz 带宽
中国联通	3.5～3.6GHz 的 100MHz 带宽
中国电信	3.4～3.5GHz 的 100MHz 带宽

至此，中国三大运营商的频谱已经确定，中国的 5G 时代也逐渐开启。那么，频谱是什么？为何各国运营商都要不惜重金将其拍下？频谱又会对 5G 未来的发展有何影响？

日常生活中的手机、广播、WiFi 等都是通过电磁波进行信号的传递，这一传递需要固定的频段。无论是手机还是 WiFi 的频谱范围都在 3Hz～300GHz，这部分频谱统称为无线电频谱。

不同的频谱段有不同的应用，5G 也有自身的频谱。例如，美国通信委员会就将 5G 无线网络的频谱设定在 28GHz 频段。但是，由于较低频段的频谱基本都已经用于广播、电视等信号的应用，而高频段频谱的资源开发又困难重重，所以用于 5G 的高频段频谱属于稀缺资源，开发较少，价格昂贵。

5G 和 4G 相比，需要更高的频谱效率和更多的频谱资源，以及更密集的频谱部署，虽然通信效率提高，但是对于技术的要求也相应提升，5G 具体的频谱资源分配现状、分配后频谱资源的使用现状如下。

1. 频谱资源分配现状

当前地面移动通信网络属于全球共享范畴，各国设置各自的通信管理机构对频谱资源进行管理和分配。各国的频谱管理委员会负责将频谱资源分配给各大运营商，有的国家的频谱向运营商无偿分配，如中国；而有的国家则以竞拍方式向运营商出售频谱使用权，如欧美等国家。

2. 分配后频谱资源的使用

如果将全段频谱比作一块“土地”，那么 2G、3G、4G 的开发就相当于选定这块频谱“土地”上的一部分进行耕作。但是每一块土地都有专属“耕作权”，只能供一种技术使用。国际上对于 5G 频谱的使用已有了合理分配，2018 年 6GHz 以上高频段分配情况及用途如表 2-2 所示。

表 2-2　2018 年 6GHz 以上高频段分配情况及用途

频　段	分配/用途
24.25～27.5GHz	移动、固定、无线电信号、无线电定位、卫星间、卫星固定（地对空）、卫星地球探测（空对地）、空间研究（空对地）
31.8～33.4GHz	固定、无线电导航、空间研究（深空）、无线电定位、卫星间
37～40.5GHz	移动、固定、无线电导航、无线电定位、卫星固定（空对地）
40.5～42.5GHz	固定、卫星固定（空对地）、广播、卫星广播
42.5～43.5GHz	移动（航空移动除外）、固定、卫星固定（地对空）
45.5～47GHz	业余、卫星业余
47.2～50.2GHz	移动、固定、卫星固定（地对空）
50.4～52.6GHz	移动、固定、卫星固定（空对地）、射电天文

截止 2018 年 8 月底，全球已经有超过 40 个国家和地区的频谱监管机构已经开始着手相关频谱的使用规划。

3. 提高频谱利用率方式

5G 的专业技术人员指出，由于 5G 时代对数据流量的需求迅猛增长，对频谱数量的需求也远远超过之前移动数据对频谱数量的需求的总和，因此，对于稀缺频谱的供需矛盾也成为了 5G 时代的显著特点。

在频谱资源有限的情况下，提升频谱的利用率成为研究人员需要思考的重要课题。但是从频谱的分配看，已经获得某段频谱的运营商在不使用该段频谱时，其他运营商业也没有使用权，导致频谱利用率低下。将低利用率的频谱从运营商手中收回，经过整合后再进行重新拍卖和采用动态频谱技术成为提高频谱利用率的两大方式。

所以，在 5G 的应用中，虽然各国对于频谱的分配方式并不相同，频谱的分配和使用也都需要继续完善，但是随着中国三大运营商对 5G 频谱的分配已定，5G 时代已经逐渐向人们走来。

2.1.2　市场：可用性成为阻碍

5G 应用需要面临的另一大挑战是可用性较差。即便如此，2019 年还是被称为“5G 元年”。2019 年年初，中国三大运营商纷纷在官微上展示自己的 5G“成绩单”。

中国联通于 2019 年 2 月 14 日宣布首批 5G 智能手机测试机正式交付。

中国电信于 2019 年 1 月底与 SOHO（中国）签订了 5G 商用计划书，为 5G 在北京

SOHO 商业区实现网络全覆盖奠定了基础。

中国移动于 2019 年年初与华为展开合作，正式宣布上海虹桥火车站 5G 深度覆盖将于 2019 年年底完成。

由此可见，三大运营商对 5G 的应用都非常重视，用户智能终端 5G 的普及也指日可待。

5G 具有速率高、时延低和大宽带等优势，具有更广阔的发展前景。专家表示，中国的 5G 市场有望突破万亿元规模。虽然 5G 的市场前景广阔，但是 5G 的商用落地还面临着很多阻碍。

1. 基站密度大、成本高

由于 5G 使用的频段较高，同等天线高度下，5G 相较 4G，信号的传播距离较近，因此就需要建设更多基站保证 5G 信号的全覆盖。从运营的角度上说，就是需要投入更多成本建设基站，在商业应用中也会因为成本过高而导致普及困难。

2. 5G 手机价格高，普及难度大

2019 年 5 月，中国联通共推出了六款 5G 手机体验机，并展示了预售价格，分别为华为 Mate 20X5G（售价 12 800 元）、OPPO Reno5G（售价 11 800 元）、vivo NEX5G（售价 11 800 元）、小米 MIX35G（售价 11 800 元）、中兴天机 NXON0105G（售价 10 800 元）、中兴努比亚 mini5G（售价 10 800 元）。

虽然三大运营商已经保证 4G 向 5G 的升级，不换卡、不换号，但是动辄上万元的 5G 手机费用，其市场接受度仍有待观望。

总之，5G 的应用面临着基站密度大、建设成本高和智能手机升级的市场认可度等问题，只有解决了这些问题，5G 的应用才会被推广。

2.1.3 技术：满足长期多样化需求

相关市场调查显示，预计到 2020 年，全球的 5G 手机拥有量将突破 6 500 万台，但是 5G 手机投放市场后的技术问题是影响其长期发展的重要因素。

1. 频段难以统一

用户以往使用的 4G 手机普遍支持“全球通”功能，无论身处哪个国家，只需更换成

当地运营商的 SIM 卡，就可轻松实现网络连接。但是 5G 手机需要毫米波和更宽频段的支持，单凭更换 SIM 卡恐怕难以实现真正的“全球通”，这会给不少用户带来不便。因此，实现 5G 的“全球通”也将成为运营商面临的技术上的巨大挑战。

2. 续航差，机身笨重

5G 手机的续航效果较差和机身过于笨重等问题可通过外挂基带的方式解决，但是基带工艺和 SoC 工艺之间差距很大，手机的存储空间会变小，运行时温度也会快速升高。

除此之外，5G 手机的耗电量将是 4G 手机的 2.5 倍，因此需要更换更大的电池以保证手机的续航能力，以现在 4 000mAh 左右的电池计算，5G 手机在半个小时内就会将电量耗尽。因此，手机的续航能力也是需要突破的问题之一。

3. 用户更换手机动机不足

5G 手机能向用户提供物联网、车联网等新的应用场景，并且具有网速快、低时延的特点，但是对于摄像、视频通话和游戏等功能，5G 能提供的技术变革并不大。很多用户满足于当前 4G 手机的应用，更换 5G 手机的意愿并不明显。

从技术需求上看，5G 应用仍然存在频段难以统一、5G 手机续航差、机身笨重、用户更换手机动机不足等问题，这些都是以后需要改进的。

2.2 5G 的优势

虽然 5G 面临挑战，但是技术的进步也同样为 5G 的应用带来机遇，5G 诸多核心技术的发展为 5G 的发展打下了坚实的基础。

2.2.1 毫米波

毫米波是 5G 的核心技术，为信号带来高效率的传播。5G 主要分为 FR1 和 FR2 两个频段。FR1 的频段范围为 450MHz～6GHz；FR2 的频率范围则为 24.25～52.6GHz，也就是毫米波。

很长一段时间，毫米波处于未经开发的状态，很少有电子元件或电子设备接收或发送毫米波，这是因为毫米波需要更大的宽带和更快的数据传输效率，以往的移动宽带很难达到。除此之外，毫米波的耗损大、传播距离短、价格昂贵都是它没能被广泛应用的原因。

但是随着移动技术的快速发展，较低频段资源几乎被分配完毕，而较高频段的毫米波就刚好解决了频段的分配问题。当前使用的30GHz以下的频段都可以放置到毫米波的低端区域，还能拥有至少240GHz的空余频段。毫米波的速率也较高，4G的频段带宽为100MHz，数据传输速度超过1Gb/s，而毫米波的带宽则可达到400MHz，数据的传输速率则可达到甚至超过10Gb/s。

使用毫米波的价格也实现了有效地降低。通过使用小至几十甚至几纳米的晶体管和SiGe、GaAs等新型材料、新工艺，毫米波制作上的难题也很快被攻克，促进了毫米波的普及与应用。常用的毫米波被分为以下四个频段，毫米波的频段如表2-3所示。

表2-3　毫米波的频段

Ka 波段	26.5～40GHz
Q 波段	33～50GHz
V 波段	50～70GHz
W 波段	75～110GHz

根据3GPP协议对5G毫米波的使用规划，规定了三段频率：n247（频率为26.5～29.5GHz），n258（频率为24.25～27.5GHz）和n260（频率为37～40GHz），使用TDD制式。

为什么毫米波的频段不能任意使用？这主要是因为大气中的氧气和水蒸气会吸收某些频段的电磁波。水蒸气会对22GHz和183GHz附近频段的电磁波造成影响，而氧气则会对60GHz和120GHz附近的电磁波造成干扰，所以规定频段必须避开以上频段。

毫米波在移动通信行业的应用，也有两个明显优势。

1. 安全性提高

限制毫米波应用的另一大因素是传播距离较短、损耗过大，所以想要提升毫米波的应用就要提高发射功率和信号接收的灵敏度，降低信号的耗损。但是毫米波传播距离较短，也为毫米波的应用带来了优势，能够有效降低毫米波之间的信号干扰，而高增益天线的使用也有效地增加了毫米波的传播范围。这样一来，毫米波传输信号的安全性增加了，传播范围也有效扩大了。

2. 有效减小天线尺寸

毫米波的另一个优势是高频段的应用能有效减小天线尺寸。因为如果天线尺寸是固定的，波长越高，则使用的天线长度越短。例如，900M GSM 天线长度能达到 20cm，而毫米波的天线长度则只有 2mm。因此，在同样的空间内，设备商就可以放置更多的天线，同时弥补了毫米波需要增加天线数量来弥补路径耗损的问题。

通过技术与工艺上的进步和毫米波的先天优势，实现毫米波应用的 5G 就可以提供高清视频、虚拟现实、智慧城市、无线信息通信服务等业务，为 5G 的应用提供更多可能。

2.2.2 小基站

5G 手机预计于 2019 年下半年正式推出，因此，2019 年上半年也是 5G 投资的关键节点。根据信通院收集的信息显示，5G 通信网络的整体投资的 40%都和基站的建设有关。

小基站有哪些特点？基站主要用于信号的发射，最常见的就是连接电网的铁塔。按照基站的发射频率和覆盖范围可分为 4 种类型：宏、微、皮、飞。基站的四种类型如表 2-4 所示。

表 2-4 基站的四种类型

类　型	单载波发射功率	覆盖能力（理论半径）
宏基站	12.6W 以上	200m 以上
微基站	500mW～12.6W	50～200m
皮基站	100～500mW	20～50m
飞基站	100mW 以下	10～20m

以上 4 种基站类型中，除宏基站之外都是小基站。宏基站的特点是覆盖范围较大，但是功率也较大，成本也较高；而小基站则拥有覆盖范围小，但安装灵活的特点，相较于宏基站，更适用于室内应用。

信通院收集的数据显示，截止 2019 年 5 月底，中国小基站数量为 500 万个，而未来随着 5G 的发展，对小基站的需求将达到 1.25 亿个，市场前景可观。

中国小基站的发展较为落后，在 3G 时代不被列为投资重点，直到 4G 网络普及后才逐渐加大投资力度，作为宏基站的补充。随着 5G 时代的到来，小基站作为建设的重点，逐渐实现快速发展。

截止 2019 年 5 月底，我国大部分省份都已实现小基站的商用，其余未实现商用的省份也即将开展试点，因此，小基站还存在很大的开发潜能。

5G 需要为用户解决信息传递的高容量和低延迟要求，因此，在新的频段下建设高密度的小基站也成为 5G 运营的关键。小基站频段的建设具有一定弹性，支持厘米波和毫米波技术，能够有效降低能耗，减少干扰，同时小基站还能满足 5G 的需求，将在未来 5G 的发展过程中为用户提供更好的服务体验。

2.2.3 Massive MIMO

Massive MIMO 技术是 5G 使用的一种大规模天线技术。Massive MIMO 天线在天线数方面和传统的 TDD 天线明显不同，TDD 天线的通道数通常为 4/6/8，而 Massive MIMO 天线的通道数则可达到 4/128/256。

除了天线数不同，Massive MIMO 信号的覆盖范围也大大加强，从之前平面式的信号传递变为垂直立体式的信号传递。该技术的优势较为明显，Massive MIMO 技术 6 大优势如图 2-1 所示。

优势一	提供丰富分空间自由度，支持空分多址 SDMA
优势二	BS 利用相同时频资源为数十个移动终端服务
优势三	提供多种路径，提供信号的可靠性
优势四	减少小区峰值吞吐率
优势五	提升小区平均吞吐率
优势六	降低对周边基站干扰

图 2–1　Massive MIMO 技术 6 大优势

为什么 Massive MIMO 有如此多的优势？原因就在于，当空间传输信道的空间维度扩展时，两两空间信道就会趋于正交，可以区分空间信道，降低干扰。

那么 Massive MIMO 该如何应用？主要分以下 3 个步骤。

1. 多天线阵列的 Massive MIMO 试点

Massive MIMO 使用的是在三维空间范围内向用户发送较窄波束的天线技术，并能通过对信息的相关性估计、用户匹配和抗干扰模型，有效抵御信号干扰，将频谱效率提高 4～6 倍，并且用户小区的平均吞吐率也能有效提升，实现资源传播率的提高。

5G 使用 Massive MIMO 技术，能有效提高网络信号分配，并且降低高层建筑对信号的遮挡问题。

2. 5G 新技术的商业规划

5G 新技术的商业规划已经展开。北京某热点商业区占地面积为 3.52 平方千米，共包含 4 个主题商业区：国际贸易中心展示区、亚太时尚潮流引领区、国际购物核心区、慢生活商业休闲体验区。

该商业区域内包含一条集商业和文化为一体的景观大道，全长 5.3 千米，计划设计为 5G 全场景覆盖试点。根据商业中心的具体需求，无线信号的覆盖率为：2～10 层建筑达到 80%覆盖率，11～20 层信号覆盖率为 15%，1 层和 20 层以上建筑的信号覆盖率为 2%和 6%，而景观大道和步行街等人流密集地区则要保证 5G 信号全覆盖。

3. Massive MIMO 效果验证

Massive MIMO 技术和以往的 8 通道天线相比，不仅覆盖率明显增强，而且提供了垂直空间的赋形效果，并且通过与宏基站数据进行比较，单站定点的设备小区的下行容量提升了 3 倍，而上行容量则提升了 3.7 倍。

由此可见，和以往的 8T8R 宏基站相比，Massive MIMO 基站的垂直波束能大大提高频谱效率，也能有效降低信号干扰。同时，5G 可在现有基础上解决 4G 的诸多难题。

例如，4G 对高层建筑的覆盖难问题，同样是 30m 高、楼间距为 100m 的天线，Massive MIMO 可覆盖大约 25 层楼高的信号，而 8T8R 宏基站则只能覆盖 10 层楼高的信号。

综上所述，Massive MIMO 技术通过试点应用、商业规划和效果验证等步骤，逐步对站点性能进行分析优化，并对试点的信号覆盖进行预判。根据天线测试分析结果，提升站点整体水平，为未来 5G 广泛应用做准备。

2.2.4 波束成形

我们常遇到这种情况，当房间内只有一个人时，信号很好，但是当房间内人数逐渐增多，拨打手机的信号也会逐渐变差。频谱复用的目的就是为房间内的每个人都提供足够的信息资源。

毫米波确保了频谱足够分配，那么如何高效地分配这些频谱？例如，同一个房间内有若干人都有彼此通话的需求，为避免相互之间的干扰，可采用以下方法。

（1）说话人按顺序轮流发言。

（2）说话人同时发言，但采用不同音调。

（3）说话人之间用不同语言交流，只有通晓相同语言的人才能互相理解。

以上通话方式分别代表三种频谱复用方式：时分复用、频分复用、码分复用。在实际的频谱复用中，三种方式也可结合使用，但是没有一种方法可以解决用户同时用网、全频谱资源同时使用等问题。设想一下，房间内若干人的交流需求是否可以通过使用传声筒的方式解决，这就是波束成形技术的基本原理。

在无线通信中，按照特定方向实现电磁波传播的空分复用，就能有效减少信号传播过程中的浪费，并且在发射端和接收端的Massive MIMO也能改善通信质量，让电磁波按照特定方向传播，也就是“波束成形”技术，它能够有效解决信号分配问题，所以房间内人数众多，网速并不会受到影响。

那么“波束”又是什么？以光束为例，手电筒中射出的一道光称为“光束”，而电灯的光射向房间的各个方向，则不能成为“光束”。波束也是一样，只有在电磁波的传播方向一致时才能形成“波束”。波束的应用由来已久，雷达原理就是通过波束的发射计算与波束前方物体的距离。通信卫星，也就是常见的“锅盖天线”，利用的也是波束原理，虽然卫星距离天线很远，信号耗损严重，但是利用“锅盖”天线就能准确接收卫星信号，提高信号的接收率。

如何实现波束成形？波束成形的原理并不复杂，以光波为例，将不透明的物体围成一个柱形，遮挡光并防止光向不同方向散射，形成光束。但是在无线通信行业，遮挡不能防止电磁波的散射，还需要采用其他方法。

在无线通信中，电磁波由天线发射到空气中，再由接收端的电线进行接收。天线的方向性就决定了电磁波的发射方向，但是普通的天线没有固定的发射方向，和电灯发射散射光一样，只能发射散射电磁波。通常的解决方法和“锅盖天线”类似，可在终端安装一个较大的接收器，但是接收器的体积过大，很难安装到手机等小型的移动设备上。单一天线形成的波束需要终端的接收器不断转动才能收到信号，显然也并不现实。因此，波束成形需要智能天线阵列才能实现。

总之，波束成形能有效改善频谱的利用率，也可实现大量用户的同时通信，有效提升5G传播信息的效率，为用户带来更好的服务体验。

2.2.5　全双工技术

全双工技术是指在同一信息通道上同时进行接收和发送，能有效提高频谱传播和接受效率，是5G的核心技术之一。全双工技术的原理类似于在两个方向不同的车道上，来往车辆自由行驶，不会相互干扰。用手机通话时既能说话，也可以听到对方的声音，使用的就是全双工技术的原理。在5G的应用中，面临着全双工技术的挑战，解除信号之间的干扰才能充分体现全双工技术的优势。

全双工技术面临的挑战有哪些？双工技术分为频分双工和时分双工。频分双工是指通过两个对称的信号通道发送和接收信息，而时分双工则是发射和接收频率在同一信号通道的不同时段进行。以上两种双工技术都不能算得上是真正的全双工技术，因为两者均不能实现同一信息通道同时进行信号的发送和接收。

全双工技术成功克服了频分双工和时分双工的缺点，真正保证发射和接收信号的同时进行，大大提高了信号传输和接收的效率。但无线传输中发射信号本身会对接收信号造成较大干扰，导致采用全双工系统后信号传输受阻。

天线在发射信号时，对接收信号造成的干扰过大，并且由于双工器泄漏的问题、天线反射的问题，发射信号和被接收的信号相互影响，形成很大的干扰，这也是全双工技术难以实现的原因。为了消除天线在发射和接收信号时的自干扰，可通过控制发射信号实现，因为发射信号已知，可以将发射信号作为参考。发射信号的参考信号只能从数字基带获取，但是当数字信号转换成模拟信号之后，就会承受失真的影响。

除此以外，为了减少信号接收的饱和，还要注意转换器和接收端之间的限制，这样就能保证数转换器和输入模的干扰信号小于固定值。

全双工技术的优势有哪些？全双工技术最明显的优势就是无线频谱效率的提高，同时还能大大降低时延，全双工技术的应用可以为5G带来以下进步。

（1）全双工技术使用统一的信道传播和接收信号，相较于频分双工和时分双工，传输和接收数据的效率能提高一倍。

（2）全双工技术和时分双工相比，能够有效降低时延。例如，在传输数据包时，不必等待第一个数据包传输完毕再进行下一个数据的传输，重传延时明显降低。

总之，全双工技术通过降低天线发射信号对接收信号的干扰，实现同信息通道同时的数据传输，有效提高了5G数据的传输和接收效率，降低了数据的传输时延。

第 3 章

5G 的特点、关键技术与网络架构

任何行业都离不开新技术的开发，5G 的技术创新也在满足用户需求的过程中不断发展演变。5G 网络本身具有网速快、覆盖广、高续航和低延时等特点，这些都离不开 5GNR 的关键技术和新的网络架构的支持。

3.1　5G 的四大特点

移动互联网的发展给人们的生活带来了明显改变。5G 时代的网络则具有高速度、泛在网、高续航、低时延等特点。因此，5G 时代，人们的生活场景也会因技术的变革而发生新的变化，使人们感受到不同的服务体验。

3.1.1　高速度，做到一秒下载

速度快是 5G 最直观的表现，5G 的传输峰值速度能达到 10Gb/s，而 4G 的传输速度则为 100Mb/s。理论上，5G 的速度是 4G 的 100 倍。中国联通于 2019 年 4 月在官网上公布的数据显示，联通和中兴合作的 5G 机型网络测速已经达到 2Gb/s。5G 现实应用中的速度也可达 200Mb/s，网速远超光纤，下载一部 2 小时的高清电影只需几分钟。

2019年4月举办的“Hello 5G赋能未来”通信大会由移动运营商中国电信主办，在大会上推出了和5G配套使用的众多智能终端，为5G未来的技术发展打下基础。

大会上公布了“创建5G智慧城市群”合作项目，预计到2022年，广东及周边地区的城市群落的5G站点建设将到达3.4万个，有望成为世界级的5G产业聚集区和综合应用区。大会对5G高速网络的优势进行说明，也让来访嘉宾对5G进行实地体验。

1. 商用步伐加快，用户体验提升

大会的主题演讲“加快5G的商用步伐”中强调，5G便捷的网速，应以用户的体验为本，聚焦技术的核心创新，为万物互联的信息化社会的到来做好准备。截止2019年4月底，中国电信的体验客户已经超过200家，并已涉及十余个垂直行业。

2. App高清视频秒开，下载速度稳定

大会共展示了10种5G机型，主要包括华为Mate20X5G、三星S105G、小米MIX35G版和vivo NEX5G等。记者在大会现场选择了华为Mate20X 5G和OPPO Reno 5G两款机型进行网速体验。

在5G网络下，记者使用以上两款5G手机能够实现在线观看高清视频不卡顿，并且下载100Mb/s以内的App基本能在2s内完成。

3. 云游戏的应用，玩家畅快体验

在大会现场，记者还使用5G对云游戏进行了现场体验。由于5G高吞吐量和低延时等特点，使玩家不受手机内存容量的限制，可以轻松地在手机端操作大型游戏，让玩家不再受地点和设备的限制。

由此可见，5G快捷的网速不仅能在商业行业应用，还能增强用户休闲娱乐的体验。

3.1.2 泛在网，覆盖每个角落

不少用户可能会担心，5G信号的覆盖面积是否受限，事实上，5G小基站的密集分布和无线小蜂窝产品能有效解决5G的覆盖问题。

1. 白盒小基站

在2019年2月举办的世界移动通信大会上展示的白盒小基站成为解决未来5G开放式入网的重要技术之一，也成为5G逐渐走向商用的重要一环。白盒小基站能够在3 300～3 600MHz频段下运行5G网络，能有效解决大部分5G室内覆盖的容量问题。

中国电信对于推动白盒小基站的发展做出了贡献，并取得了重要突破，有效解决了室内分系统的升级难题，并且逐步降低了硬件的通用标准，为国产芯片提供了发展机会，也为未来虚拟基站的建立奠定了基础。

中国电信还将联合设备商共同推进小基站的研发工作，促进基站白盒化进程，对无线性能和成本等诸多方面进行测试，推动5G的商业落地。

2. 无线小蜂窝产品

专家预测，中国截止2023年年底，5G用户将有望突破10亿户，并且移动数据相较于4G阶段也会出现成倍增长。随着用户对虚拟现实和沉浸式媒体需求的增强，运营商也应为用户提供更好的室内网络的覆盖条件。

无线小蜂窝产品也就是5G无线点系统的出现，成功满足了用户在5G时代对室内宽带使用的要求。5G无线点系统安装方便，并且在3～5GHz的5G频段内，网速可高达2Gb/s。

不仅如此，通过逐渐在5G系统上添加无线小蜂窝方案，还能进一步加强室内的网络连接，大大提高网速和网络容量，保证多人在房间内同时上网，网速不下降。

无线小蜂窝解决方案的出现不仅加强了网络的室内覆盖，而且对于5G在无线网络点系统的升级也有所帮助，只需要在原有基础上增加频率和容量等。

在白盒小基站和无线小蜂窝产品技术的支持下，5G的覆盖范围将大大增强，也将加速5G的商用推广，提升用户对5G的使用体验。

3.1.3 高续航，解决频繁充电问题

5G手机和4G手机相比不仅是网速的提升，手机的功耗也明显上升，5G芯片的耗电量为4G的2.5倍，而5G手机的大容量电池和无线充电技术为延长5G手机续航能力打下了坚实的基础。

1. 大容量蓄电池

早期推出的5G手机耗电量较大，这和5G高速度、低时延的特点有关，5G能为用户带来更好地体验，但是当网络传输速率高达1Gb/s时，手机的功耗也会明显上升。为5G手机配置蓄电量更大的电池成为解决5G手机续航问题的重要手段。

例如，三星的折屏手机将推出更大容量的电池以适应5G网络的运行，其单个电池容量为3100mAh，总容量将高达6200mAh。

2. 无线充电技术

随着苹果企业先后推出三款无线充电手机，国内手机的无线充电技术也逐渐兴起。

随着无线充电效能、成本和辐射等问题的一一攻克，无线充电技术也因其便捷的充电体验受到越来越多用户的喜爱。我国无线充电市场的前景广阔，预计到2020年，应用无线充电的5G设备将达到10亿台。除了智能手机终端，电动汽车和混合电动车也为无线充电技术提供了广阔市场。

当前的无线充电手机还做不到远距离充电，手机需放置在充电板上，但是在不远的将来，5G无线充电手机将支持远距离无线充电，甚至与WiFi连接充电，为5G手机的高续航能力提供更多可能。

5G手机通过加大电池容量和无线充电的方式解决了5G环境下能耗较高的问题，有效推进了5G的应用进程。

3.1.4 低时延，实现“令行禁止”

由于5G的速度有效降低了网络的时延，对于无人驾驶、智能医疗、高清直播和VR设备的应用都有重要影响，其中，对于VR设备应用的影响尤为明显。

VR设备的价格较高，除此之外，眩晕感也是VR设备用户体验差的重要表现，而5G的低时延特性可以减轻用户观看时的眩晕感，有助于未来VR的普及与应用。

5G的体验速率和4G网络相比优势明显，4G网络的延时大约为70ms，而5G可将延时缩短到1ms，数据几乎能够实现实时转化，5G高带宽和传输速率快的特点也可更好地减缓VR设备因延时带来的眩晕感。

不仅是VR设备，5G的低时延性也使无人驾驶成为可能。在5G时代，用户可以轻松地预定无人驾驶车辆，通过智能交通的调配系统，空闲车辆资源被有效利用，交通拥堵现象也大大减轻。只需要在 5G 手机上轻轻一触，无人驾驶车辆就会在指定时间和地点等待用户，并且在智能交通系统的指挥下选择最便捷的路线将用户送至目的地。

总之，无论是 VR 设备的应用还是无人驾驶车辆的普及都离不开 5G 低时延的优势，网络延时性低不仅可以做到“使令即达”“令行即止”，用户的生活、工作、学习场景也会因此发生极大变化。

3.2 搭建 5GNR 的关键技术

5GNR 技术较为复杂，主要通过新空口双连接的方式提高网速，搭建覆盖率更高、安全性更强、延时率更低的 5G 网络系统。OFDM（正交频分复用技术）是 5GNR 搭建过程中的关键技术，用于优化波形和空口接入，而灵活的框架设计也能有效提高传输的灵活性和传输效率。

3.2.1 基于 OFDM 优化的波形和多址接入

5GNR 涉及一种新的无线电标准 OFDM，即正交频分复用技术。由于 5GNR 要求无线电接入技术较为灵活，能同时接纳频段从 6GHz ~ 100GHz 之间毫米波的宽频段范围。因此，OFDM 足以支持 NR 新空口的对接任务。

当前，OFDM 已经被用于 4G 网络和 WiFi 系统，因其数据复杂性低，并且能支持宽频段信号，也被应用于 5G 网络系统的搭建中。OFDM 的功能较为多样化，能实现不同用户与服务区间的多路传输，提高本地效率，创建单载波形和实现链路传输等。

但是 OFDM 还需要继续改进才能适应 5G 的应用，主要通过以下两种方式进行改进。

1. 通过子载波扩大参数配置

由于 5GNR 的搭建需要不同的参数配置以提高数据的传输效率，OFDM 子载波也需要扩大参数配置才能满足搭建条件。当前通用的 OFDM 子载波的波段的间隔为 15kHz，而 LTE（当前的 4G 网络标准制式）最高可支持 20MHz 的载宽电波。5G 为了支持多种频谱类型，需要引进对频段支持更为灵活的 OFDM 的参数配置，同时还能有效降低信息处理的复杂程度。

2. 跨越参数完成波载聚合

OFDM 除了具有扩大参数配置范围、满足 5G 不同场景下的系统搭建外，还能满足 5GNR 跨越参数完成波载聚合的需求。OFDM 通过加窗增加传输渠道，提高传输效率，可实现 5G 未来物联网的应用。OFDM 为了使相邻波段的干扰降低，施行了加窗过滤波，实现了区域信息传播的优化和多数据同频传输。

由此可见，5GNR 系统搭建选用 OFDM 技术能够通过子载波扩大参数配置，实现高速率、多频段传输；而跨越参数完成波载聚合功能则能够支持 5G 下的万物互联，降低信息干扰，实现区域信息优化，支持多数据同时传播。

3.2.2 灵活的框架设计

5G 想要扩大数据传播范围，增强信号的覆盖率，只凭借 OFDM 的子载波参数扩大和完成波载聚合还远远不够。因此，5GNR 设计还需要灵活的框架设计予以配合，才能真正提高 5G 的传播效率。这种灵活不仅体现在区域上，也体现在时域上。

1. OFDM 可拓展的时间间隔

OFDM 可拓展的时间间隔相比于 4GLTE 网络的 LTE 网络制式，能够明显降低时延。在 4G 时代，网络延时的平均时长为 200ms，而在 5G 时代，网络延时能有效降低到 2ms。

2. 自包含集成子帧技术

自包含集成子帧是 5GNR 系统的一项关键技术，不仅能有效降低时延，还能实现向前兼容，即通过把数据的传输和认定放入同一个子帧，能在技术层面上使延时降低。在 TDD 下行链路子帧中，设备的数据传输和数据回收都在同一个子帧内部完成，而且 5GNR 系统建立的集成子帧都是独立的，每个子帧内部都可实现自行模块化处理，大大提高了处理信息的效率。集成子帧处理信息的过程，如图 3-1 所示。

图3-1　集成子帧处理信息的过程

集成子帧技术通过统一下载、数据下行、保护间隔、上行确认四个步骤提高了信息传播效率。不仅如此，OFDM灵活的框架设计也将更多新业务引入5G的网络系统，为未来新型的商业模式和服务要求做好准备。

总之，无论是OFDM可拓展的时间间隔，还是自包含集成子帧技术，都为5GNR系统的搭建提供了技术支持。

3.3　5G的网络架构

5G时代，信息传输直接采用端到端的方式，因此能实现设备与人、设备与设备之间的连接。传统的网络结构较为固化，而5G则通过对网络结构的优化，提高网络的承载力，表现出优质的服务能力。

3.3.1　SDN和NFV

以往的4G网络更重视局域网和核心网的连接，而5G则改变了通信网络的格局，真正做到网络中的软硬件分离，并且5G构架通过引入SND及NFV，即软件定义网络及网络功能虚拟化，将4G网络中结构复杂、体积庞大的“烟囱”式构架，替换为以SDN/NFV技术为支撑的新型网络构架，不仅安装简便、灵活，也能为网络安全提供保障。

网络构架的创新技术SDN/NFV，通过减少网络之间的层级，转移核心节点，降低流量消耗，实现软硬件之间的双解耦，成为5G构架演进的关键技术。

从定义上说，SDN/NFV方案包括数据层、控制层和应用层三个方面，而控制器则通过南北口的分向控制，为用户提供便捷的服务。

1. 数据层

网络基础设施建设是数据层的关键，并且通过SDN数据虚拟化的信号特征，可在虚拟的环境下，消除硬件和软件之间的设备限制，适应现实和虚拟环境，为不同的网络场景提供更多网络构架的可能。

2. 控制层

控制层主要包括开源控制器和商用控制器。相关数据统计，供应商提出的控制器方案已超过25个，并且控制层方案的开源控制器应和供应商实际提供的方案相互配合，适应客户需求和网络环境的变化。

3. 应用层

应用层平面则包括四层以上的网络服务，共同维护网络关联运转。SDN的结构以网络应用层为侧重点，不仅需要反映用户的业务需求，也要及时完成网络的维护和技术的更新换代，因此，网络生态将变得更加活跃。根据客户需求场景，网络运营维护的成本也会相应降低。

总之，SDN/NFV为提升5G结构的水平提供了更多可能，无论是在数据层、控制层，还是在应用层上都带来了技术上的全新突破。

3.3.2 5G架构设计

5G的网络架构有由垂直架构向水平架构演进的趋势，并且整体结构应尽量简洁，减少网络层级，降低网络延时，而在此新型结构下的网络种类和网络局站的数量也应明显减少。

网络架构除简洁外，还应具有敏捷性、分钟级的编程扩展水平和较好的开放性、集约性，实现统一部署，统一调度，实现端到端的运营和配置。

为完成以上目标，未来的网络架构将由“基础层”“功能层”“协议编排层”组成。5G架构设计为实现SDN/NFV，还应通过跨网调动资源，搭建云资源网络和简化端到端的运营模式。

随着网络性能的逐渐开放，网络结构的建设应将重点转移到水平架构的开发。这样一来，网络的应用范围就可以从半开放向全开放过渡，并且网络设备的建设也应满足不同行业、不用环境的需求，进一步提高网络的开放能力。

目前，网络架构的重构也面临诸多挑战，引用SDN/NFV技术代码后，运营商能够直接参与到网络生态的发展中，并为促进网络生态链的发展，开发出更多满足网络需求的新型代码。代码的开发面临着技术和设备规范的双重挑战，缺乏规范标准和技术职称的代码很容易受到网络攻击，安全性难以保障，并且代码的专利保护也是不能被忽视的问题。

5G的新型架构不仅设计简洁，增强了端到端之间的设备连接，还通过垂直结构向水平结构的演进，扩大了5G的覆盖范围。但是，5G架构仍面临代码专利保护和数据安全等方面的问题，需要设备商、运营商的共同努力，不断优化5G的设计架构，推动5G时代的到来。

3.3.3 5G的代表性服务能力

5G的服务能力主要体现在智慧城市的应用上，广西的数十个智慧城市的试运行已于2018年7月正式展开。

技术人员这样描述智慧城市的图景：路灯明暗能根据居民需求自动调节，节约能源；智能水物平台也可通过360°设备运行观测，智能调配水能管理；智能医疗平台能为身处偏远地区的患者提供城市专家的实时会诊。

智慧城市的建设项目如图3-2所示。

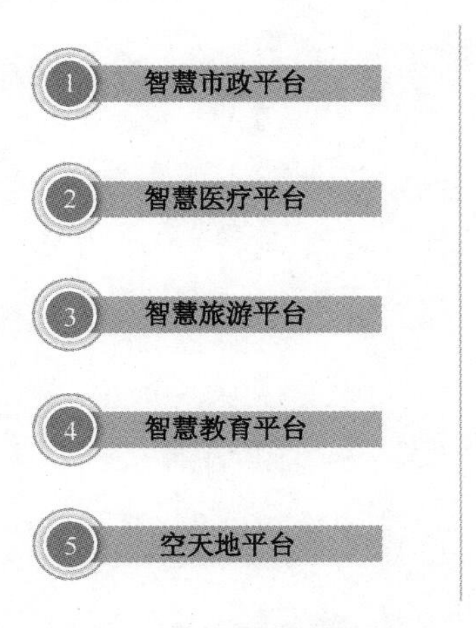

图3-2 智慧城市的建设项目

（1）智慧市政平台：通过大数据分析，可及时调整路灯亮度，节能环保。

（2）智慧医疗平台：医院专家可以通过远程会诊为异地的患者提供诊疗意见，甚至做手术。

（3）智慧旅游平台：可实现旅游产品和旅游需求的精准匹配。

（4）智慧教育平台：可以使得教育资源实现更好地共享，教师也可根据大数据对学生进行精准教学。

（5）空天地平台：通过“立体”数据，每个月为城市“体检”固定次数，让市民更好地参与城市治理。

在未来的智慧城市中，无论是在教育、医疗，还是市政、旅游等与人们生活息息相关的行业，都将变得更加智能。

以智能教育为例，截止2019年5月底，广西贵港市的智能教育平台已经覆盖了全市的224所学校，惠及超过30万名学生。

智慧教育平台的教育资源共享，有效解决了教育资源不平衡的问题，使学生的学习打破了时间和空间的限制。除此以外，留守儿童的学习问题也可通过智慧教育平台得到轻松解决。

教师也可以通过后台的大数据分析情况，有针对性地对学生作业问题进行讲解，提高教学的精准性。

智慧城市是5G良好服务性能的典型案例，不仅可以有效减少城市资源的浪费，也能让人们体验到资源共享的便捷。

第 4 章

5G+人工智能，极富挑战性的科学

5G 和人工智能的结合已成趋势，依托 5G 的人工智能也将为用户提供更多“私人定制”服务，真正实现网随人动，同时也能通过人工智能提高网络系统的自治能力，有效减少人力资源的投入。

4.1 走近人工智能

要想了解 5G 是如何在人工智能行业应用的，首先要对人工智能有所了解。人工智能究竟是什么？人工智能未来将如何发展？

4.1.1 什么是人工智能

人工智能是一种用于研究开发模拟、延展人类智能的方法理论，也是一门新兴的技术科学，最早作为计算机学科的分支，主要应用于机器人、语言识别系统、图像识别和自然语言处理等行业。

随着人工智能研究行业不断扩大，数学、逻辑学、归纳学、心理学、生物学、仿生学，甚至经济学和语言学行业都与人工智能学科形成了交叉，人工智能也因此发展为一门综合科学。

人工智能如何改变未来生活？在工业革命时代，机器被制造，并投入生产；而人工智能时代，将会出现像人一样思考的机器，而它们都通过不同的算法来运行。

算法反映人类的逻辑和思考方式，就像计算机通过算法的输入反映人类的逻辑一样，人工智能的算法也与之类似，但不同的是人工智能算法能实现由计算机代替人类编辑算法、编写程序的目的，这样编辑算法的模式具有明显的优势。

第一个击败人类九段围棋选手柯洁的人工智能机器人阿尔法围棋就是运用这样的原理。

因为阿尔法围棋和人类一样具有“深度学习”的能力，通过大量的矩阵输入像人类的大脑一样处理数据，并将这些数据进行整合，做出判断。阿尔法围棋和九段选手柯洁三局的对决结果，是阿尔法围棋 3:0 获胜。

智能机器人阿尔法围棋的“双大脑”为比赛的胜利增加了胜算。“落子选择器”是阿尔法围棋的第一大脑，人工智能会在整盘布局中找到最佳的下一步；“棋局评估器”是阿尔法围棋的第二大脑，不是预测下一步该如何走，而是通过对整个棋局的把控，预测双方赢棋的概率，辅助“落子选择器进行选择”。

总之，科研人员一直致力于研究和开发出更具智能实体价值的人工智能程序，应用于机器人行业、语言识别行业、图像识别行业和专家系统行业，为人类社会的发展做出新的贡献。

4.1.2 人工智能的发展

人工智能分为三种形态：弱人工智能形态、强人工智能形态、超人工智能形态。当前人类技术发展已在弱人工智能行业取得了较大成就，但强人工智能和超人工智能的形态还处于观望期。

1. 弱人工智能

弱人工智能主要专注于单方面的人工智能行业。例如，阿尔法围棋就是弱人工智能的代表，它专注于围棋行业的算法，无法回答其他问题。

2. 强人工智能

强人工智能是在推理、思维、创造等各方面能和人类比肩的人工智能，能够完成人类目前从事的脑力活动。但是强人工智能技术的要求较高，当前人类技术无法达到。

3. 超人工智能

超人工智能具有复合型能力，无论是在语言处理、运动控制、知觉、社交和创造力方面都有较为出色的表现。

当前正处于弱人工智能向强人工智能过渡的阶段。从弱人工智能向强人工智能的发展面临诸多问题。一方面，基于人类大脑的精细度和复杂性，科研人员还有很多未知行业需要探索。另一方面，当前的人工智能技术的逻辑分析能力较强，而感知分析能力较弱，这也是需要解决的问题。

虽然从弱人工智能向强人工智能的转化还有很长的路要走，但可以预见的是，人工智能今后将继续向云端人工智能、情感人工智能和深度学习人工智能等几个方面发展。

1. 云端人工智能

云计算和人工智能的结合可以将大量的人工智能运算成本转入云平台，能有效降低人工智能的运行成本，也能让更多人享受到人工智能技术的便利。云端人工智能在未来的医疗、交通、教育和能源等行业都将有突出表现。

2. 情感人工智能

情感人工智能可通过对人类表情、语气和情感变化的模拟，更好地对人类情感进行认识、理解和引导，在未来能够充当人类的虚拟助手，辅助人类工作，也能很好地与人类进行交谈。

3. 深度学习人工智能

深度学习是人工智能发展的新趋势。深度学习这一概念的灵感来自人脑的结构和功能，也就是神经元之间的连接。科研人员通过模拟人类的人工神经网络植入生物结构性算法，让人工智能实现和人类类似的学习功能。

综上所述，人工智能的发展在未来会深刻影响人们的生活，无论是弱人工智能向强人工智能的转化，还是云端人工智能、情感人工智能和具有深度学习功能的人工智能，都将为人们未来的生活提供更多便利。

4.2 人工智能依托 5G 加速发展

人工智能依托于 5G 将取得快速发展。从技术层面上说，5G 的分布式核心网络和网络切片的引入，不仅可以有效扩大技术应用范围，还能为用户打造“私人定制”的网络。

4.2.1 分布式核心网，将应用延伸到边缘

核心网位于网络数据的核心位置，负责对用户终端传输的数据进行处理，同时负责对用户的移动管理和会话管理等任务。核心网主要包括 MME（移动管理实体）、SGW（服务网关）、PGW（分组数据网关）和 HSS（归属用户服务器）4 个网元，核心网的主要结构如图 4-1 所示。

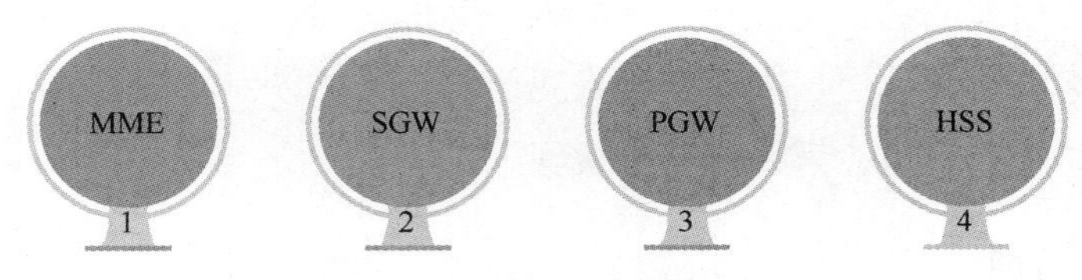

图 4-1 核心网的主要结构

1. MME

MME 是核心网的重要网元，主要负责移动信息管控，以及用户的传呼和位置的更新。例如，智能终端手机需要定时向 MME 报告自身的位置，接入互联网也需要经过 MME 的安检，调换基站等步骤也离不开 MME 的管控。

2. SGW

SGW 负责手机信息的管理和分发，是核心网的信息中转站。

3. PGW

PGW 主要负责外部的网络连接，手机上网也需要 PGW 进行信号转发。除此之外，PGW 还负责网址分配、计费支持等工作。

4. HSS

HSS 主要负责用户的移动管理、会话建设和访问授权，相当于中央数据库。

目前，4G 网络构架还存在明显的缺点，SGW 和 PGW 要同时负责处理和转发用户数据，这种不同网元之间功能相互交织的特点，导致信息管理效率低，部署延时。通过科研人员不懈努力，5G 的核心网将采用基于服务构架的分布式布局，有效解决不同网元之间功能交叉的弊端，主要通过基于服务的构架、网元的独立自治和 PCF 的诞生这三个阶段完成。

1. 基于服务的构架

传统网元采用的是软硬件结合的设计方式，引入虚拟化技术后，软硬件分离，通用服务器取代了专用设备，设备成本降低。但是软件呈现单体结构，想要升级其中任意一个模块，都会影响整个单体的结构，并不灵活。因此，专家将大型软件单体分解成小的软件模块，并基于服务构架，开放之间的往来通信，提升业务效率。

2. 网元的独立自治

4G 核心网中“网关”和“服务器”这类和硬件相关的名词将在 5G 时代消失，因为虚拟化后的网络对硬件的关注度将大大降低，NF 的结构进化就是将这部分虚拟的网元分隔开来，其中任意一个网元的升级和扩容都不再受其他网元影响，明显提高了服务效率。

3. PCF（策略控制功能）的诞生

PCF 主要包括网络切片选择功能、网络开放功能、网络仓储功能，分别用于在 5G 时代开拓新的运营模式，管理开放的防落数据和实现自动管理的网络仓储功能等。

5G 的核心网络虽然是从 4G 网络演变而来，但是无论是网元的独立自治形态，还是对硬件依赖程度的减少，或是数据管理效率的提升等方面，5G 时代分布式核心网络都将显示出更为自动化的网络管理模式。

4.2.2 网络切片，打造“私人定制”网络

网络切片是将物理网络划分成若干个虚拟网络，根据每个用户对网络服务的不同需求，如对于网络的延时性、带宽和安全性的需求等，将这些虚拟网络灵活划分，从而适应不同

的网络场景需求。

简单来说，如果将网络比作交通，用户就是车辆，网络就是车道。如果所有车辆都在同一车道上行驶，必然会造成交通拥堵；但是如果交通部门根据车辆的类型设置非机动车专用道、机动车专用道、公交车专用道、快速路车道等，交通拥堵的现象就能大大减轻。

网络切片就是根据用户需求设置不同的网络通道，用户在观看视频时，系统通过修改参数为用户提供专属的5G网络服务，用户观看高清视频直播也不会卡顿，网络切片的“私人定制”服务，能有效保证每一位用户的用网质量。

中国联通和华为共同合作研发的5G切片技术，应用于腾讯提供的高清视频网络平台，为用户带来更好的视频观看体验。4G网络系统的宽带不稳定、观看高清视频经常出现卡顿、影响观看体验等问题，5G的网络切片技术都可以解决，以端到端的数据传播形式，降低观看高清视频的时延，为用户提供流畅的观看体验。

在5G时代，网络切片的种类如图4-2所示。

图4–2　网络切片的种类

1. 移动宽带切片

移动宽带切片提供高清视频直播、全息技术支持和VR技术支持等场景的应用，这些网络场景对于网速的要求较高。

2. 海量物联网切片

海量物联网切片应用的场景较为广泛，主要用于智慧城市、智慧家居、智慧农业和智慧物流等行业，这些场景对网络的覆盖率要求较高，但对时延和移动性的要求则没那么严格。

3. 任务关键性物联网切片

任务关键性物联网切片主要应用于无人驾驶、车联网和远程医疗等技术行业，对于网络场景的时延性和安全性要求较高。

网络切片技术为未来的 5G 提升速率、降低成本提供了更多可能，同时也为不同网络场景的搭建创造了条件。

4.3 人工智能改变 5G，助力核心网

在即将到来的 5G 时代，5G 和人工智能相结合势必给人们的生活带来更多变化，凭借分布式核心网和网络切片技术，人工智能可以让 5G 更加灵活多变，并且实现“网随人动”和“网络自治”。

4.3.1 人工智能实现“网随人动”

人工智能正在悄然改变人们的生活，企业和校园网无线设备的连接也在悄然改变。智能终端的应用也为校园网络的设备管理提供了便利。以往的“人随网动”随着人工智能的发展已经逐渐向“网随人动”靠拢。

“网随人动”需要面临大量的用户、设备和流量之间的调控，因此，应用是核心。人工智能系统为不同的应用提供独立的逻辑网络，为不同的应用提供不同的网络资源，提高资源的利用率、网络的重构率。网络分层把控的四个步骤如图 4-3 所示。

图 4–3 网络分层把控的四个步骤

1. 识别

人工智能可以识别用户组和物联终端，对 IP 电话和视频监控系统进行识别管控。

2. 标记

人工智能还能对不同的用户组进行分类，可将用户和终端的业务进行捆绑，并根据 IP 频段的标记，实现对用户和终端的绑定，让用户在网络中具有不可更改的标识。

3. 策略

人工智能方案还能针对校园网内的不同业务进行隔离，在不同场景内为不同用户和终端提供网络权限。

4. 跟随

校园网络中的用户数量和终端位置发生移动，但是在 IP 不变的情况下，网络接入和网络策略不变。

人工智能系统通过以上四个步骤实现对网络的分层把控，那么人工智能系统是如何实现“网随人动”的？

首先，IP 和用户的对应实现了人工智能系统对用户的管控，同时便于人和终端之间的捆绑，完成了终端的安全接入。网段和业务的联动也实现了业务和网段之间的连接，只需要通过 IP 网段的控制就可达成。用户只需要在选项中注入步骤名称就可自动实现业务达成，不需要输入多余口令，高效快捷。系统对于任务组的管控也可通过分隔达成。

其次，人工智能方案的自动化部署将整个网络设备进行角色化分类，将核心层、汇聚层、接入层统一，并将配置文件进行简化，实行简单的自动化部署模式。自动部署后物理位置的标识也为后期的运维和维修提供了保障。人工智能系统能够在后台自动导入地理标识，施行全界面自动化监控。

最后，人工智能方案除了实现网络的自动部署之外，还能实现终端资源的人性化分配，根据资源定义和用户组策略的匹配模式生成可视化界面，让用户快速掌握操作模式，并提供拓扑视图，让操作更便捷。

通过以上人工智能系统对校园系统的管控可以看出，真正实现“网随人动”的网络操作实际上离我们并不遥远，人工智能也在人们的生活中扮演着越来越重要的角色。

4.3.2　人工智能让网络自治

5G 和人工智能的结合让未来的网络自治成为可能。人工智能已经逐渐从对图像、数据和文本的分析，转向对通信行业和网络技术行业的探寻。

未来网络的调度和资源调配会变得越来越复杂，而人工智能凭借其强大的调配能力能帮助运营商迎接 5G 时代的技术挑战。人工智能的全能力、全场景产品能更好地帮助企业实现网络自治。

在人工智能算法的支持下，人工智能在处理复杂数据和分析动态数据上都具有明显的优势，可以帮助运营商实现网络自治。人工智能实现网络自治的表现如图 4-4 所示。

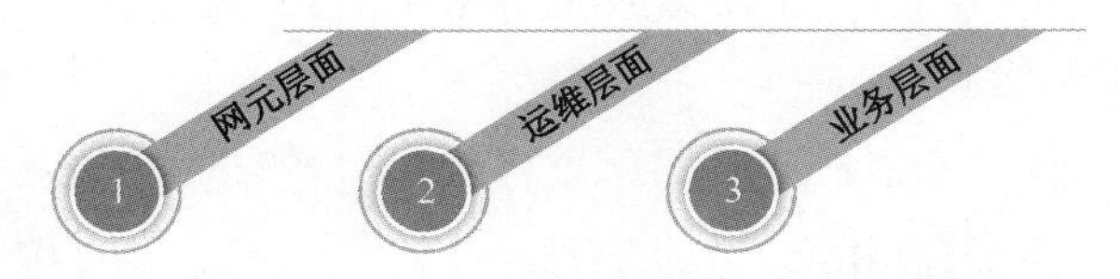

图 4-4　人工智能实现网络自治的表现

1. 网元层面

在网元层面，企业通过引进人工智能处理引擎，可以提高资源调度的智能化水平，将调度模型嵌入人工智能产品，能提高调度模型的自主学习能力，缩短学习周期，并且能够优化模型的配置，适应和调节能力，提高网络资源的调配效率。

2. 运维层面

在运维层面，企业可在控制器中部署轻量型的人工智能引擎，逐步提高引擎的运行和学习能力。借助人工智能运营商可搭建具有故障定位、故障检测和故障自愈能力的循环系统，大大提高了系统的维修效率，降低了维修成本。

3. 业务层面

企业在人工智能的调度层面应引入较高性能的人工智能引擎，将整体业务从宏观上进行整体规划，实现端到端的智能调配。这种业务层面的运营方式可以提高人工智能在商业运营行业的应用范围，也可逐渐加快网络切片的推行，提高业务的创新能力。

随着 5G 与人工智能的联系日益紧密，5G 时代的企业也将从人工智能开创的网络自治中获益。

4.3.3 人工智能让5G灵活多变

5G与人工智能的结合使二者的应用场景更加多样，在未来，做饭机器人、能准时接送用户的无人驾驶汽车等都可能会实现。

随着科技的发展，人工智能越来越多地被应用于人们的日常生活。无论是公园的智能清扫车，还是图书馆的人工智能流动车，或是远程操控汽车等，都已逐渐出现在人们的生活中。在不远的将来，做饭机器人也将投入使用，成为那些不会做饭或没时间做饭的人的福音。

Moley Robotics企业研制的用于做饭的Moley机器人能做出和米其林厨师相媲美的美味佳肴。

虽然Moley机器人的外表看起来只是两个机械手臂，但是凭借机械手臂上的20个马达和129个感应器，用户只需在Moley企业下载一个点菜App，在2 000多种菜品中挑选喜爱的菜肴，只需要数十分钟，Moley机器人就能做好一道菜，顺便将厨房打扫干净。

但是，做饭机器人的缺点是需要用户提前准备好食材，并且无法通过嗅觉和味觉判断食材好坏，但是因其节省做饭时间的优点还是受到不少用户的追捧，相信在不远的将来，做饭机器人将为人们的生活提供更多便利。

人工智能除了应用于人们的日常生活外，像矿区、灾区危险作业、智能港口管理等这些更大范围的应用行业也能看到人工智能的身影。

2019年5月举办的数字中国建设成果博览会上，中国移动展区向观众提供了虚拟驾驶的体验机会，观众可坐在汽车模拟器内，通过对屏幕上实时道路情况的掌握，对现实中的汽车实现远程操控。

虚拟驾驶技术预计在未来可应用于危险地区作业，降低险情救援和矿区作业的危险性。

智能港口技术则主要借助5G网络实现对港口运输集装箱的抓取调度，能够有效提高港口的调度效率，提升调度的精准性，并且能对作业情况实行高清摄像与实时传输。

人工智能为5G提供了不同的场景，无论是与人们日常生活相贴近的应用，还是用途更为宽泛的智能港口技术，都为人们的生活提供了更为舒适和便捷的服务。

第 5 章

5G 推动智能制造

2019 年是 5G“元年”，5G 和智能制造的结合为制造业带来了明显改变。智能工厂的建设将生产过程限定在可控范围内，而人工智能技术的应用也能让企业的设计、生产和销售环节彼此联通，对现有资源实现优化和整合。

5.1 智能制造概述

新一代的 5G 为传统制造业向智能制造业的转型提供了技术支持，同时满足了远程交互需求，推动了物联网、工业及 AR 的发展，推动了工业制造的智能化。

5.1.1 什么是智能制造

制造业在国家经济中非常重要，而智能制造也成为很多国家未来的发展方向，如中国、美国都在积极拓展智能制造行业。信息通信的升级是智能制造的重要内容，5G 能支持智能制造在不同场景应用。

例如，华为的无线应用场景实验室对智能制造的场景应用进行了开拓性研究，场景实验室作为新型的研究平台，将运营商、合作伙伴和企业管理者联合起来，共同探讨智能制造的场景应用，促进更加开放的行业生态的建立。

广义上，智能制造在信息处理、智能执行等先进制造行业贡献突出。在具体应用上，智能制造打破原有各个层次的网络信息与运行模式，加强各流程之间的联系，将物联网、大数据、数字化制造技术结合起来，缩短产品的生产周期，优化管理制度和制造体系。

智能制造系统通过上下层联动的方式，使管理层实时监控工人生产和与机器设备的运转情况，及时调整工作安排，合理优化资源配置，提高生产效率，完成端到端的数据转换，实现智能制造系统的正常运转。

智能制造系统需要供应链之间相互协调进行，主要包括从生产、开发、集成到执行的基本框架，目的是对现有的制造系统进行可持续优化。

我国的智能优化系统可分为 5 层：第一层系统为生产基础自动化；第二层系统主要负责生产执行；第三层系统主要负责产品全生命周期管理；第四层系统主要负责企业整体管理和支撑；第五层系统主要包括计算和数据中心优化。各系统具体运行方式如下。

1. 生产基础自动化

生产基础自动化主要包括系统对于生产现场流程和设备运转的把控，其中生产设备主要包括传感器、智能机器人、机床组件、仪表盘、检测和物流设备等。人工智能控制系统用于监控流程制造过程，并用于单独的制造模块的数据采集和监控。

2. 生产执行

执行系统的管理模块主要负责对模块系统功能的生产和执行，主要包括底层数据分析系统、中层数据分析系统、上层数据分析系统、制造管理系统、人力资源管理系统、计划管理系统、生产调度系统、工具集成管理系统、预算管理系统、项目管理系统、仓储管理系等。

3. 产品全生命周期管理

产品全生命周期管理系统主要分为研发、生产和服务三个部分。研发部分主要涉及产品设计、工艺制造、生产仿真和现场制造流程中的反馈，提高设计品质成为研发、设计、制造产品数字化模型中不可缺少的一部分。

生产部分是智能制造系统的关键，主要负责产品自动化生产，是生产执行环节的保障。

服务部分依托 5G 对服务过程进行全程监控、远程诊断和维护工作，并将实时数据传到服务中心进行分析和反馈。

4. 企业整体管理和支撑

企业整体管理和支撑系统包含不同类型的模块，主要负责企业的战略计划调整、投资模式分析、财务数据分析、人力资源管理、资源分配调度、销售管理和安全管理等。

5. 计算和数据中心优化

计算和数据中心优化系统主要包括网络系统模块、数据库分析模块、数据存储管理模块、应用软件模块等，主要为企业提供智能计算服务，提供易操作的可视界面，企业可根据计算数据对具体模块功能进行及时调整。

总之，智能制造系统可以从生产基础自动化、生产执行、产品全生命周期管理、企业整体管理和支撑，以及计算和数据中心化等角度全面提升企业的生产效率和管理水平。

5.1.2 智能制造的具体特征

智能制造打破了原有的各个层次的网络信息与运行模式，改变了各流程之间相互脱节、各自为政的局面，主要特征表现为数据的实时感知、数据优化策略和分析实时执行 3 个方面。

1. 数据的实时感知

数据的实时感知需要强大数据进行支持，并通过标准方式对信息进行采集和分析，实现信息的自动采集、自动识别和自动传输，并将这些信息反馈到数据分析系统。

2. 数据优化策略

数据优化策略是通过对数据实时感知系统收集的信息进行分析的，实现对产品生命周期的计算、分析和推理，及时调整指令，优化产品制造过程。

3. 分析实时执行

分析实时执行是指在执行过程中，继续对控制和制造过程的状态进行分析，实现产品稳定和安全运行，对生产环节进行动态调整。

由此可见，智能制造通过对数据的实时感知、优化策略和分析实时执行，能够有效提高生产效率。

5.1.3 智能制造为什么需要无线通信

智能制造的主要特征就是端到端的数据信息交换，想要实现云平台与工厂生产过程信息实时联动，传感器和人工智能之间的交互运作，以及人、机之间的巧妙配合，对于通信网络的要求也相对较高，因此，无线通信技术的引入成为必然。

从工厂的实际应用来看，一方面，无线化的机器生产设备使工厂的分模块生产和智能制造不再遥远；另一方面，无线网络的应用使生产流水线的建设更为便捷，在日后的改造和维护上也能大大降低成本，而这些的实现都要依托无线通信低时延和覆盖广等优势。

1. 低时延

智能制造工厂采用无线通信技术后，在对温度和湿度较为敏感的高精密制造环节或化工危险品的生产制造过程中，无线通信低时延的特点不仅能提高制造精度，还能有效规避制造过程中的风险，减少安全隐患。

例如，应用无线通信的智能系统可通过对传感器压力和温度的实时监控，实现较低时延的信息传递，将信息及时传递到智能机械设备终端，如电子机械臂、电子阀门、智能加热器等设备上，实现对生产作业的高精度调控，整个过程对于网络的低时延要求也较高。

2. 覆盖广

智能工厂中自动化和传感系统的无线通信覆盖面积可达几百平方千米，甚至上万平方千米，可直接采用分布式部署扩大网络覆盖。根据不同生产场景，智能工厂的制造区域可分布数以万计的传感器和执行器，为实现海量信息的广泛连接打下基础。

除了智能制造的制造过程，无线通信还可以助力智能制造的智慧化管理。将 5G 融入制造业，可以形成智慧化系统，其智能化功能主要分为集中模式与分散模式两种，它们对应着不同的通信要求。

在时间上，集中模式需要几毫秒或者 10 秒左右，分散模式需要 1 微秒或者几毫秒；在场景上，集中模式需要机械装备与生产线，分散模式需要机械装备与现场控制。

由此可见，集中模式更加注重信息的安全性，运用新技术，对系统进行优化，加强对大数据的分析能力；分散模式，更加注重实时通信，保障了功能与信息的安全度，对实际情况与发展变化进行严密监控。

综上所述，无线通信的低时延、覆盖广等特点将大大提高智能制造的生产效率，而无线通信应用在生产过程中，同样也可以使生产管理更加智慧化。

5.2 5G 使能智能制造

快速发展的 5G 通信技术给传统制造业向智能制造业的转型提供了机遇，覆盖广、延时低的特点更好地适应了传统制造场景，也为新兴的端到端的互联需求提供了技术支撑，在工业 AR 行业、无线系统化控制行业和云化机器人行业也都有应用。

5.2.1 5G 使能工业 AR 应用

AR 即增强现实技术，通过计算机对信息的转化，提升人类的感知，并通过计算机技术生成虚拟场景，虚拟场景叠加真实场景，增强“真实性”。简单来说，就是帮助人类在真实场景中创造逼真的虚拟画面。

AR 技术在工业中的作用非常突出，能有效提高设备操作的灵活性，并有效提高工作效率。智能设备可自行将设备上的信息传递到云端，技术人员就能够通过 AR 设备连接和显示功能，直接观测到实时数据。AR 设备和云端网络的连接也能为技术人员提供必要的实时信息。

例如，某无线电电缆维修方案中就成功运用了 AR 技术。

设备出现故障后，技术人员不用亲自到现场维修，可通过 AR 技术对故障设备进行远程维修指导。

故障设备现场员工只需要佩戴 AR 眼镜就可接受技术人员的远程技术指导，技术人员根据从 AR 眼镜传递回的信息对故障原因进行分析，不仅能够提高工作效率，也能降低维修成本。

AR 技术具有两个明显优势，分别是虚实结合和实时交互。

虚实结合就是通过 AR 的显示器了解真实场景状态，并通过屏幕将真实场景与图标位置重叠，实现精准地实时操作。三维景象的全景视野不仅更加真实，可以帮助用户满足操作需要，也可以通过场景叠加的方式快速找到故障所在，提高工作效率。

由于 AR 技术具有三维虚拟场景化的特点，用户通过屏幕就可以实现和真实场景的交互，并且将和现实场景融为一体，真正完成全场景化的操作，将虚拟的维修操作放入真实场景中，实现实时交互。

总之，AR 技术在工业行业的应用，能够通过虚实结合和实时交互的特点，降低维修成本，提高对人员的培训效率，并且还将应用到更多工业场景中，大大降低人力成本，以及时间和空间成本。

5.2.2 5G 使能工厂无线自动化控制

5G 在工厂中的应用还明显体现在自动化控制中，倒立摆是应用 5G 的典型自动化控制案例。倒立摆系统应用虽然较为复杂，但是物理原理较为简单，主要为以一个支点支撑起物体，让物体保持一种平衡的状态。倒立摆结构如图 5-1 所示。

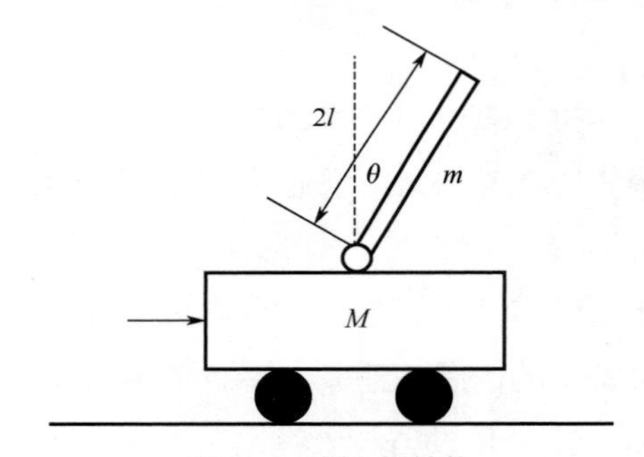

图 5-1 倒立摆结构

倒立摆是一种基本的物理装置，通常包括一个圆柱形柱子（摆杆）和摆杆下放的支点，由于支点固定在移动的小车上，受小车移动影响，摆杆始终有向下落的趋势，保持不稳定的平衡状态。倒立摆装置根据摆杆数量不同，可分为一、二、三级倒立摆，级数越多，想要维持稳定越困难。

倒立摆原理通常应用于机器人的姿态控制、宇宙飞船对接，以及工业制造等。

实验结果表明，倒立摆在 4G 网络下运行时，由于 4G 网络的时延过长，倒立摆接受系统指令后执行延迟，倒立摆从震荡到保持稳定的时间过长，达到 13s。然而，在倒立摆在 5G 下运行时，由于 5G 时延仅有 1ms，倒立摆能够快速对指令做出反应，从震荡到保持平稳只需要 4s。由此可见，5G 网络低时延的特点能够在自动控制行业发挥巨大价值，5G 网络的时延能从 4G 网络下的 50ms 下降到 1ms，大大提高了设备运行的效率和精准度。

在实际应用中，自动化控制主要应用于工厂的技术设施建设。它的核心技术是闭环控制系统，该系统主要通过传感器将信息传输到设备的执行器。在闭环系统中，控制周期通常以毫秒为单位，所以通信设备的时延也要达到甚至低于毫秒级才能保证设备的精准控制。不仅如此，在闭环系统中对设备的精准度要求也较高，因为时延过长会导致信息传输失败，甚至停机，给企业带来重大损失。

除此以外，大规模的自动化控制生产环节需要对控制器、传感器等设备进行无线连接传输，这也是智能制造应用系统中的重要内容。

闭环控制系统对传感器控制数量、控制周期的时延和带宽都有不同要求，应用场景的经典数值如图5-2所示。

应用场景	传感器数量	数据包大小	闭环控制周期
打印控制	＞100	20 byte	＜3ms
机械臂动作控制	～20	50 byte	＜5ms
打包控制	～50	40 byte	＜3ms

图5-2　应用场景的经典数值

由此可见，闭环控制系统在不同应用场景下对于传感器数量、数据包大小和闭环控制周期的要求不同，对于智能制造技术要求较高。智能制造技术在推动工厂的无线自动化控制上有以下3点优势。

1. 实现个性化生产

个性化定制逐渐引领当今消费潮流，未来满足用户对个性化定制商品的需要，柔性制造成为未来生产技术的发展模式。柔性制造是一种自动化的生产模式，在较少人为干预的情况下，生产更多产品种类，突破产品种类生产范围，对于新技术的要求也更高。

2. 工厂维护模式升级

大型工厂生产通常需要跨地区生产维护和远程指导等。5G能有效提高大型工厂的运行效率，降低成本。在未来的5G智能工厂中，每一个工作人员和工业机器人都会拥有自己的IP终端，工作人员和工业机器人之间可以进行信息交互。当设备发生故障时，工业机器人可自行修复，遇到疑难故障再通知专业工作人员修复，提高了工作效率。

3. 实现机器人管理

在5G网络覆盖智能工厂后，工业机器人还将参与管理层的工作，通过对统计数据的精准计算，完成生产决策和调配工作。工业机器人将成为工作人员的助手，协助工作人员完成高难度工作。

无线自动化控制工厂无论在个性化生产，促进工厂的模式优化升级，还是在机器人管理方面，都有明显优势。不仅能有效降低工厂的运营成本，还能提高工厂的运营效率。

5.2.3 5G智能工厂云化机器人

云化机器人也是智能制造场景中的重要技术之一。云化机器人可以有效组织协调工厂的个性化生产，将信息直接连接到控制中心，通过强大的计算平台对大数据和生产制造过程的计算和监控，提高工作效率。

云化机器人的优势在于将大规模运算转移到云控制中心，大大降低了对于硬件的耗损，并且5G低时延和广覆盖的优势也有利于云化机器人在个性化生产中提高工作效率。

云化机器人理想的网络支撑就是5G网络，5G网络的网络切片技术可以支撑云化机器人端到端的信息传递，而仅有1ms的时延也能尽可能地保证信息传递的有效性。

目前已有一些企业对于云化机器人进行研发测试，例如，诺基亚就已展开了云化机器人的5G网络测试，着手建设"有意识"的工厂。

在新技术的支持下，工厂的数据分析能力和自动化程度会显著提高。在制造环节中，机器人数量的增加也有益于自动化水平的提高。供应链能在较短时间内推出满足用户需求的个性化产品，促进新产品的制造和销售。

诺基亚智能工厂的测试点最引人瞩目的就是大面积的电子屏幕，屏幕上汇集了传感器收集的来自工厂每个车间的生产流程信息。工作人员可以利用电子屏幕上的信息对数据进行评估。传感器收集的数据直接上传到云平台进行信息处理，工作人员可按照序号追踪每一个在设备中运行的零件。

当工厂生产出现问题时，查找设备问题无须等到设备结束生产再进行，系统能实时排查故障，并实时检修。

诺基亚的智能工厂试点还使用云化机器人对产品进行组装，在标准化零件的条件下，云化机器人大大提高了零件组装的效率。除此之外，更多的云化机器人被投入到编程工作中，它们与工作人员分工合作，提高了工作人员的编程效率。

5G 在制造业的应用使云化机器人的应用成为可能，它能有效提高自动化流程中的智能化水平，及时排查设备故障，有效提高生产效率，助力智能制造业的发展。

第 6 章

5G+农业，全方位的智能化

5G 在农业的应用会推动农业的全方位智能化，这表现在种植智能化、管理智能化和劳动力智能化等方面。在 5G 的支持下，农业也将向数字化方向发展，有利于农业资源的整合和合理利用。

6.1 5G 实现农业的智能化

5G 实现农业的智能化，这体现在种植、管理和劳动力三个方面。种植智能化降低了成本的同时，也保证了质量。管理智能化可对种植过程严密监控，并可自动预警。劳动力智能化保证了劳动力的充分合理使用。

6.1.1 种植智能化：降低成本、提升质量

5G 推动农业智能化的表现之一就是种植过程的智能化，智能化的农业生产可以降低成本，提升质量。

种植智能化可以保证种植过程的效率，比如在浇水、施肥等方面，可实现一键化自动处理，大范围、多项操作流程化的过程在减少人力的同时还大大降低了成本。

种植智能化也提升了种植的质量，玉米种植可以用智能设备完成，其出芽率较人工大大提升，并且科学地浇水、施肥、采摘等过程，都会有效地提升种植物的质量。

京东植物工厂在种植智能化方面就做出了成功示范。

京东植物工厂在植物种植上采用工业化操作流程，采用无土栽培技术，工厂将温度、湿度、光照等各项指标控制在合理范围之内，工作人员只需输入指令就可给植物浇水、施肥，实现自动化种植。

目前，因建筑成本投入和耗电量过大等问题，植物工厂的运营收益并不高。相信未来在5G的支持下，植物工厂将会进入发展的黄金阶段。

智能种植具有当前人工种植无可比拟的优势，它可以通过科学化、流程化的种植过程降低种植成本，并且其种植的科学性也很好地保证了植物的质量。

在智能种植的过程中，5G的技术支持不仅保证了智能种植的实现，更有利于智能种植的大范围推广，未来的智能化种植必将更加智能、更具规模。

6.1.2 管理智能化：严格监督+自动预警

5G支持下的农业智能化的第二个表现就是实现了管理智能化，可严格监督农业生产的环节，并自动预警。

管理智能化可严密监控农业生产中每个阶段农作物的生长情况。对于养分不足、病虫害等风险可进行及时预判，并解决。

2018年，中兴通信就曾做了5G智能农业的商用演示，体现了智能化管理的优势。

演示中，中兴通信利用无人机对马铃薯农场进行拍摄，并通过5G网络实时将照片回传至服务器，以准确地、实时地对马铃薯进行保护，整个采集回传时间从此前的两天缩至两个小时，大大提高了效率。

中兴通信的成功演示展现了5G应用于农业智能管理的可行性和优势。农业生产管理的智能化节省了人力成本，对农作物的实时保护也能提高农业生产的利润。

在智能化管理过程中，其管理监控过程也可以公开于消费者面前，消费者可随时观看种植过程，了解农作物生长过程中的用药和施肥情况，让消费者更放心。

在未来农业中会引入各种先进的设备，可实现对农作物的生长数据自动采集，对于病虫害等风险做出准确及时的预警，并实施解决方案，这些农业智能管理场景都会在未来实现。

6.1.3 劳动力智能化：确保使用的最大化

农业的智能化也表现在劳动力的智能化上，确保了农业劳动力使用的最大化。

依托 5G，农业的生产和管理都更加智能化，大大节省了人工成本，提高了效率。一方面，智能化的生产、管理过程可以精确地算出定量的农业生产活动需要多少人力，保证了人力的合理利用。另一方面，5G 的发展会推动智能机器人在农业生产甚至管理中的应用，浇水、施肥、采摘等传统农业中耗费人力的重复性劳动都可以通过智能机器人来完成，使农业生产和管理更高效。

例如，在京东的植物工厂中，流程化的管理就为植物工厂大大节省了人工成本。

京东植物工厂面积约一公顷（11 040 平方米），但它的产量预计每年却可达 300 吨。

这里的蔬菜可以全年生长和收获，普通菜地里每年最多收获 4 次蔬菜，在植物工厂里一年能够收获 20 次，而管理工厂仅仅需要 4 到 5 个工作人员，大大节省了人工成本。

智能化农业的发展推动了劳动力的智能化发展，一方面，智能机器人的应用解放了大量劳动力，推动了农业生产中劳动力的智能化。另一方面，在农业生产活动的管理中，智能机器人也可以取代部分人力，需要人工处理的部分，大数据也为其提供了必要的支持，农业生产活动管理中的智能化也确保了劳动力的智能化发展。

5G 时代，农场、田地中将实现生产与管理的智能化流程，而那时少而精的农业劳动力将是数据分析员、程序员，甚至是机器人。

6.2 5G 时代，农业展现新景象

未来，在 5G 时代，农业将展现新景象。在 5G 技术的支持下，农产品的生产过程可全程追溯，保证了其安全性；大数据的应用也推动了农业生产、管理、销售的数字化；新技术的资源整合也促进了农业资源的共享和合理利用。

6.2.1 全程追溯，农产品更安全

农产品的安全问题一直是消费者关注的重点，由于一些生产者的法律和卫生意识淡薄，

有害物质超标的情况时有发生。

目前，中国的农产品供应链系统多为人工作业，没有系统化的管理，信息反馈也不及时，各个环节难以掌控，对于其中存在的问题不能及时发现和处理。同时，在管理方面也耗费了大量的人力、物力。

而5G与区块链技术的结合，可实现农产品的全程追溯，区块链技术的分布式账本具有不可更改、可追溯等特点，而5G为其在农产品领域的大范围应用提供了技术支持。

追溯系统可对农产品的生产、加工、销售全程进行追溯，保证农产品信息的真实、透明。

在农产品生产环节，系统会记录下生产的过程，包括农作物的种植土壤情况、种植年份、月份、作物种类、化肥和农药的耗费等，同时对于农作物的长势、气候、灾害、田间管理等情况也会记录在案。

在加工环节，系统会记录加工批次、工序、保质期、物流环境与物流信息等。

消费者购买到农产品后，可扫描农产品二维码来获取农产品的产地、生长过程等信息，农产品出现问题可有效追责，追溯系统的应用有助于保障食品安全。

建立农产品溯源系统有三个基本要素，分别是产品标识、数据库、信息传递。5G与大数据的结合可推动农产品数据库的建立和应用范围的推广，而5G网络的大宽带、高速率、低时延等特性为农产品信息追溯系统的信息传递提供了技术支持。

在未来，随着5G时代逐渐来临，农产品追溯系统将广范围地应用到农产品的生产与管理之中，有效地保障农产品的安全。

6.2.2 收集大数据，推动数字农业

当前，大数据在诸多领域都有所应用，而与5G结合的大数据在农业领域的应用实现了传统农业向数字农业的转型。

大数据在农业领域的应用可打造数字供应链，创建数字供应链可实现数据的整合，包括产量、定价、天气、土壤环境、维护需求等，基于这些数据可做出更加科学的决策，进而提升效率。

数字供应链是一个端到端的、以目标为驱动的科学流程，依托数字供应链，农业生产与管理可有效地降低成本、提高效率。

在未来，大数据在农业中将有以下几个应用场景。

1. 田地中的传感器

大数据中心可以利用田地中的传感器对农业资源进行收集、分析、分配。将传感器部署到农田中，农作物的生长情况能够实时回传到大数据中心，为科学决策提供数据支持。

2. 设备中的传感器

农业设备上的传感器能够实时追踪设备的运行状况。这些传感器能够回传地形信息和绘制产量图。同时，在农业设备需要维修时，其他传感器可进行同步检测。

3. 无人机应用于农作物检测

无人机可以应用于农作物检测，可以对抗干旱等不利环境因素。通过无人机生成的立体图像的分析，可以规划种植规模。另外，无人机还可以为农作物喷洒农药，提高效率。

4. 智能机器人

智能机器人的应用可极大地提高生产率，比如实验激光和摄像头可以帮助识别杂草并清除，不需要人工干预。此外，智能机器人种植、采摘等都可极大地减少人工劳动。

5. RFID（无线射频识别技术）和溯源

RFID可以追踪农产品从田地到市场再到消费者的全过程，消费者能够利用RFID追踪农产品生产、加工、包装等所有流程。

6. 机器学习和分析

大数据与人工智能的结合能够赋予机器学习和分析的能力。通过机器学习和分析可以挖掘数据趋势，获得种子播种至收获的全过程、加工过程、销售过程的全数字化分析结果。

5G时代，大数据将在农业生产与管理的各环节展开应用，推动数字农业的发展。

6.2.3 整合各路资源，简化共享、交换

我国农业数据数量大、类型多，核心数据缺失、数据共享不足等问题阻碍着农业的健康发展。

5G与大数据的结合、云计算和物联网的发展等为建立农业大数据平台提供了基础。农

业大数据共享平台的建立可整合各路资源，实现资源的共享和交换。

农业大数据共享平台包括共享管理平台、农业数据公共服务门户等，在数据资源汇聚的基础上，开发各类农业大数据应用，实现大数据与农业的深度融合。

1. 农业大数据共享管理平台

农业大数据共享管理平台具有数据接入、数据管理、共享交换、数据分析、数据报表等功能，可实现农业数据资源的共享。省、市、县级农业数据可共享、交换；企业数据、市场农业数据可接入和共享。

2. 农业数据公共服务门户

农业数据公共服务门户面向公众提供农业资源目录、数据检索、数据应用等服务，支持各类数据需求，企业利用数据资源开发农业大数据应用。

农业大数据共享平台整合了区域内农业数据资源，包括土地、气象、遥感、种植业、畜牧业、渔业、农产品加工业等各方面数据资源，充分发挥大数据的收集、分析数据能力，通过多维度展示，可帮助农业部门和涉农企业做出科学合理的决策。

6.3 5G助力农业的细分领域

5G在农业领域的应用，还将推动农业细分领域的发展。在水产海产领域，5G的应用可实现海洋牧场环境的预测、观察；在农贸市场方面，5G也可推动农贸市场的线上、线下一体化。

6.3.1 水产海产：预测环境，随时观察

2019年4月，山东首家5G海洋牧场爱伦湾海洋牧场建成，爱伦湾海洋牧场迈入5G时代。

山东移动在荣成开展了5G基站建设，5G信号覆盖了海洋牧场景区和近海养殖区，并开展了5G全景监控的应用。

此前，对于水产品的生长情况的掌握只能来源于潜水员的水下观测，耗费人力物力，

信息反馈也比较慢。而通过 5G 水下摄像系统，工作人员可在办公室里通过监控观察水产品生长情况。监控实时回传的画面清晰流畅，十分真切。

通过水下摄像系统的实时监测，可预测水下环境，预测可能产生的危害，以便工作人员及时做出应对决策。这种以技术为依托的预测不仅节省了人力、物力，其预测的结果也更加准确。

未来的海洋牧场不仅是渔业生产基地，更是海洋旅游的景点。通过 5G 摄像装备对海洋牧场风光进行全景拍摄，游客不必再远赴海上，只需戴上 VR 眼镜即可观赏到海洋牧场景区优美的风光。

爱伦湾 5G 海洋牧场的建成为传统渔业向现代渔业、近海养殖到深远海养殖、海洋旅游等的转型都提供了成功的示范。

相信未来在 5G 的发展下，精准预测、科学管理的水下摄像系统将有更广泛的应用，推动水产、海产的科学化发展。

6.3.2 农贸市场：线上、线下一体化

5G 将助力农贸市场的线上、线下一体化升级，而当前，农贸市场线上、线下一体化升级已经有所发展。

不少沿海城市的农贸市场已经在政府和第三方企业的支持下，开始对传统农贸市场展开线上、线下一体化的改造升级。

目前，尽管国内生鲜超市发展迅速，但仍无法和传统菜市场相比，在生鲜零售领域，传统菜市场仍占据主导地位。并且近两年政府与资本都加大了对传统菜市场的改造，带来的客流红利也十分可观。

不少平台为加强自身发展，积极地和传统菜市场展开合作，比如饿了么和京东到家，前者是通过对接线下菜市场以吸引新的消费群体，后者则是引入菜市场业态，以追求在消费频率、价格、生鲜卖点等方面的差异化。

华冠市集就是打造农贸市场线上、线下一体化的一个尝试，是一个以生鲜、即食、超市、服务等为一体的集合店，其吸纳了传统菜市场的商户，并规定了合理的价格。

目前华冠市集已发展了多个线上渠道，包括京东到家、美团外卖等。运作流程从消费者的线上下单开始，根据各品类编号确定对应的商户。商户完成配单后，将商品交给华冠工作人员，工作人员统计订单，最后交由第三方配送团队。

打造这种线上、线下一体化的菜市场购物模式虽然难度较大，但对于消费者来说却十分具有吸引力。

但是在实现线上、线下购物一体化后，只是使消费者的购物更加方便。若想提高消费者的购物体验，还需从价格与品质两个方面满足消费者的需求。

如何在农贸市场一体化购物过程中降低价格，保持商品鲜度？至少应满足两个先决条件，一是在加上配送成本后价格上涨不大，目标依然是数量庞大的价格敏感型消费者；二是保证商品的新鲜度及丰富度。

第7章

5G，打造全面智慧城市

智慧城市的打造离不开5G的支持,5G与大数据的结合应用是智慧城市运作的基础。基于5G的智慧城市可通过打造智能交通、智能物流等，来降低时间和经济成本，丰富人们的生活内容，提高人们的生活质量。

7.1 智慧交通，实时信息交互

5G在交通行业的应用将推动智慧交通管理系统的形成，它可以对于道路和停车场进行信息系统建设，保障车辆与行人的安全，还可以根据车辆的行驶信息，预先找到停车位，实现智慧泊车。

7.1.1 建立智慧交通系统，解决交通拥堵

5G在交通领域的应用、与区块链和物联网等技术的结合，可建立智慧交通系统，有效的解决交通问题。

在存储方面，区块链技术的分布式存储方式十分具有优势，它具有不可篡改性和可追溯性，而5G网络为其应用提供了技术支持。在未来，5G与区块链技术的结合可以有效地

应用于车辆认证方面，它可以保证数据的安全、透明，并且任何人都不能篡改或伪造数据，据此可以实现对车辆的认证管理。

2019 年，HashCoin 研发出分布式汽车登记系统。该系统为车辆提供了自动化认证，对于车辆安全与追踪可以全部记录，避免了信息数据造假的可能。该系统尝试把 5G 与区块链技术结合起来实现车辆认证管理的自动化，通过这个系统可以追踪车辆的所有权变更、保险情况、车况历史等数据。

这项技术吸引了很多国家制造商的注意，很多汽车制造商都有意引入这个系统，他们也愿意帮助 HashCoin 来实现该方案的运行。因为该方案不仅对社会有利，对于个人来说，也是非常有利的。它可以被应用在各个领域，如保险公司、服务提供商和制造商等。

5G 可以实现汽车的联网功能，其中一项重要的技术是 WiFi-DSRC，也就是短程通信功能。这项技术可以提供各个车辆之间、车辆与各类设施之间的通信功能。例如：道路上的各个信号灯。它们之间进行数据信息的实时传递，使得驾驶人员能够了解道路上出现的问题，或者根据相关信息预见未来将要发生的问题。通信功能可以缓解交通拥堵的压力，并且对于道路情况与天气状况进行检测，避免交通事故的发生。

车辆通过 5G 可以实时监控路面信息，并且与目标车辆实现信息数据的传输、通信等功能，驾驶人员可以根据前方行驶车辆的意愿来确定自己的行驶方式与路线，保障了驾驶的安全性、交通的便捷。

5G 不但保障了原有通信技术的乘车上网与数据下载等功能，而且实现了车内传感器的设置，进一步提高了安全性，也促进了物联网的发展。

由此可见，5G 与交通相结合可以给人们带来与众不同的出行体验，保障人们出行的安全，同时为构建智能型社区、创造智慧型城市提供强有力保障。

7.1.2 提供“车位”信息，实现智慧泊车

停车难是当前的交通难点之一，私家车越来越多，物业所有权人规划的车位比较少，资源调配的不合理使需要车位的区域过于稀缺，其他区域的车位闲置，造成了车位资源的浪费。

将 5G 运用于交通中，实现交通的智能化，就可实现智慧泊车。

2017 年底，新西兰 ITS 基金会团队基于 5G 网络，推出了 ITS 智慧交通系统。这是一个应用于停车场的网络系统，该系统利用 5G 实现了 ITS 价值资产的等价交换，解决了停

车难、技术应用难等问题，推动了停车场的智能化发展。

ITS 智慧交通系统运用 5G 打造了三个平台，从而解决停车位少、停车难的问题，ITS 系统的三个平台如图 7-1 所示。

图 7-1 ITS 系统的三个平台

（1）物联网立体车库

物联网立体车库的建立是将 5G 与物联网相结合，以达到车辆和车库之间的智能连接，有效解决了车位空间及空间信息不对称的问题。

（2）车位流转平台

利用 5G 网络可以建立车位流转平台，将未开发利用的车位利用起来，提升车位的利用效率。

（3）共享车位

通过 5G 网络，将每一个车位都纳入节点中，根据车辆的行驶路段、路况车流等数据实现车位的共享，有效避免了资源浪费。

传统的输入停车位数据的方式都是通过人工操作完成的。在数据统计中，工作人员很可能会因为疏忽而导致数据输入错误。而智慧交通系统通过感应的方式，根据车辆的行驶与停靠的具体情况记录车位情况，数据一经记录则无法修改，保证了数据的真实性。

智慧交通系统的每一个节点对应一个车位，每一个车位在 5G 中被当作无形的资产，以此来实现资产的数字化，提升车位的利用效率。

依托 5G 建立的智慧交通系统可实时提供车辆与车位信息，可有效地提高车位的利用率，为用户提供更加智能化的泊车服务。

7.1.3 智慧交通，还需实现的条件

目前，智慧交通的应用还存在一些难题，需要在以后的研发中逐步解决，以实现其应用的条件。

智慧交通实现的难点一方面来源于交通系统自身的复杂性，另一方面来自新技术的不

成熟。

道路交通系统由人、车、路三要素组成，三者相互关联、相互影响。驾驶人员控制车辆向目标前进，同时要遵守交通规则。车辆也受道路环境的影响，车辆动态特性也一定程度上影响了车辆的路径。人、车、路三方面的复杂关系导致交通系统难以管理，其原因主要包括以下三个方面。

1. 交通系统容量难以确定

交通系统容量受车辆性能、驾驶情况、气候条件、道路管理的影响，交通系统的容量难以确定。

2. 交通系统出行需求变化灵活

交通系统出行需求由于来源去向、出行目的不确定，出行者的出行变化十分灵活，这也是交通系统管理的难点之一。

3. 交通系统出行路径及方式灵活

出行路径及方式取决于出行者的主观意识，具有灵活多变的特性，其不可控的性质增加了交通系统管理的难度。

总之，交通系统具有时变、不可测、不可控的特点，在打造智慧交通的过程中，这些都是制约其发展的影响因素。

另一方面，智慧交通的实现依托于各种先进技术，5G的高速网络、大数据的搜集、区域或城市的智慧交通平台建设等，都是智慧交通得以实现的技术基础。而目前来看，5G还处于发展的初期，与各种技术的结合也处于试验阶段，未来还需加快研发的脚步，才能使智慧交通落地并应用，普及更多地区。

7.2 智能照明，充分利用资源

智能照明依托 5G 与物联网的结合而发展，它能够根据道路具体情况进行自动调光照明，既智能又环保，并且智能照明并不只有照明的功能，多技术的应用也使其功能更加多样化。

7.2.1 根据路段情况自动调光

智能照明依托 5G 与物联网的结合，形成高品质的智能照明系统。它可以根据道路的具体情况，例如：有没有路人或者车辆经过，是否有人在路面停留等情况进行实时监测，调节灯光的明亮程度，保障灯光的有效利用。这样既能保证人们生活与工作的安全性，又能节约能源，满足新时代的城市规划需要。

圣迭戈就是国家根据城市照明需要，首先将智能照明投入使用的城市试点。主要是将原有的照明灯具进行调整，安装上了智能软件与传感器，可以实时检测道路的入口流量、车辆停靠与行驶信息，为其提供智能化照明。

圣迭戈运用这项技术已经为城市每年节约了约 190 万美元，如果将这项技术在整个美国范围内使用，预计将为美国每年节约 10 亿美元。

智能照明可以为人们的出行提供便利，也节约了能源，有利于打造绿色环保的生活。它还能够通过检测车辆的信息，帮助车主预定车位，规划通往目的地的最佳行驶路线。

7.2.2 路灯杆一杆多用

在智能照明系统中，不仅照明模式更加智能，路灯杆也会增加新的用途，实现一杆多用。

目前许多城市都展开了对一杆多用的智慧型路灯的探索，建立标准化的杆塔信息平台，努力实现杆塔资源的共享，从而推进道路监控、交通路口指示等众多杆塔资源的整合。

智慧型路灯可以实现一杆多用的功能。在智慧型路灯中，灯杆上部安装了基站和环境识别装置，基站保障了 5G 网络的全方位覆盖，而环境识别装置可对温度、风力、湿度等自然环境进行识别，并将数据上传到中心处理器，便于工作人员分析、操作。

灯杆中部装有摄像头，能够对道路上的行人与车辆进行监控，有效地保障了交通安全。

摄像中的监控还具有面部识别功能，在追回失踪人口、抓捕犯罪分子等方面起到了积极有效的作用，为人们的生活安全提供了保障。

例如：旧金山利用智能照明中拥有的无线传感技术，对于道路进行检测，当感应到枪支的出现或者使用时，传感器自动开启警报与定位。将检测到的枪支信息传送给有关部门，帮助有关部门减少前期的响应与部署时间，提高了办案效率，降低了犯罪率。

灯杆的下半部装有充电桩，便于电动类车辆、手机、电脑等电子产品的充电需要；下半部分还装有路灯控制调节器，可以根据道路的实际情况调节灯照强度，节约了电力资源。

智慧型路灯是智能照明中不可缺少的重要公共设施。智慧型路灯就像城市的神经末梢，对城市的各种信息进行搜集、传输、分析、发布，推动城市更好地运作。

7.2.3 一盏灯连接一座城，实现多种应用

智慧型路灯和传统路灯存在很大差异，这种差异就在于其是否拥有系统集成能力、问题解决能力、软硬件一体化能力、后期运营能力。智能照明系统可以实现“用一盏灯连接一座城”，让人们的生活更加规律、安全、便捷。

2019年年初，中国为很多城市部署5G采取了铺垫式举措，并发放5G牌照，以推动5G产业的发展进程。对于智能照明而言，5G的普及将会带动智慧型路灯行业的大发展，促进新技术软件的应用和智能照明的运营管理。

智能照明是发展智慧型城市的突破口，它能够运用物联网技术实现“用一盏灯连接一座城”的伟大壮举。

三思集团已经开始着手研究智能照明系统，并且在很多地区落地应用，成为业内的参照标准。北京城市副中心的智能照明系统就是其中的成功案例。

北京城市副中心的建设是为了缓解北京人口密度大，城市压力大等问题，也是促进京津冀一体化的重要举措。它本着高等级标准、基准起点高、水平层次升级的原则进行建设，力求建造成为新型智慧化的城市。

北京城市副中心在行政区域的众多道路上植入了三思集团的智能照明系统，加强了对于北京城市副中心的管理工作，使其更智能化。

智能照明系统的电线杆具有很多功能，如为电动车提供充电、让用户的手机顺利连接WiFi、实时监测道路的情况等，并将数据信息上传到中心处理器，检测空气质量、外部温度、风速气压等。这些对于北京的智慧城市的建设具有深远意义。

智能照明不只为城市提供照明服务，还能满足人们对于工作与生活的更多需求。在未来，智能照明的普及将极大地推动智慧城市的发展。

7.3 智能电网，借助 5G 破解难题

智能电网主要是指将原有电网进行智能化改进，推动电网的发展升级。在原有电网向智能电网的升级中，5G 为其提供了重要的技术支持，使智能电网拥有更多的应用场景。

7.3.1 5G 对智能电网的价值

智能电网的发展离不开 5G 的支持。在 5G 的支持下，智能电网可实现更多的功能，主要表现在以下几个方面。

1. 实现配电自动化

5G 可实现电网的智能分布，实现配电自动化。智能分布式优势如图 7-2 所示。

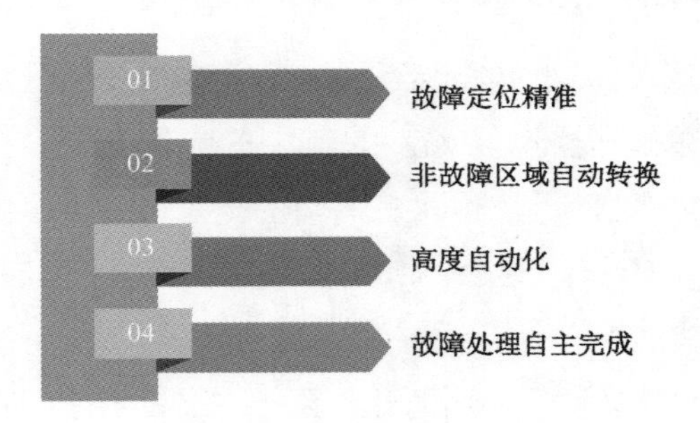

图 7–2 智能分布式优势

（1）故障定位精准

运用智能式分布能够在最快速度模式下找到故障的区域点，从而高效地解决故障点隔离问题，保障了故障区域的小范围隔离。

（2）非故障区域自动转换

非故障区域属于未被隔离区域，它可以在较快的时间段内实现自动转换，不会因为故障区域的问题而出现断电危机，保障用户的正常用电。

（3）高度自动化

故障区域点的隔离和非故障区域点的正常运作都将采取自动化模式，不再需要人工干预。

（4）故障处理自主完成

对于故障区域点的维修并不需要依靠主站，整个过程可由智能分布模式自主完成，并不需要主站的参与。

2. 实现毫秒级精准负荷控制

电网的负荷控制主要包括协调部分与营销体系两种模式。在电网出现故障的情况下，稳控系统将快速切除负荷来保障整体电网的稳定性。为了防止电网崩溃，负荷控制还可以通过低频压的装置进行负荷减载，从而稳定电网状态。稳控装置虽然能够集中、准确地切断负荷，但是对于人们的工作与生活影响较大。

而应用 5G 之后的智能电网系统可以很好地解决电网系统的各项问题。智能电网可以将目标对象进行细致划分，明确找到用户内部需要中断且能够中断的负荷部分，并进行处理。这样既能满足电网系统出现问题时的应急处理，又能对问题涉及的企业用户进行分析，对可中断负荷的用户进行处理，保障其他部分的稳定性，将损失与影响降至最低，这种方式是负荷控制系统中较为重要的技术。

3. 低压用电信息采集

低压用电信息采集是对用户使用电网电力的情况进行数据搜集、分析处理和监控故障的系统。它具有电网电力使用情况的自动采集、异常使用的计量监测、电网电能品质的监测、用户用电情况的分析与管理、相关信息的调查与发布、分布式能源的监控、智能电网机器的数据信息交换等功能。

用户的用电信息采集主要包括计量用电情况、传达重要数据、网络终端上传状态量、主站下达常规指令，呈现出上传流量大、下达流量小的特点。传统的通信方式是光纤传输与无线网络，用户的终端网络运用集中器来进行计算和分析，而主站是由中心部门集中部署的。

而在未来的智能电网中，低压用电信息采集具有用电信息数据信息随时上传的功能。同时，用户的电网终端的数量也会有大幅度的提升。未来的用电信息采集将不断延伸到用户的家中，可以快速获取全部用电终端的情况，针对负荷的问题将以更细致的划分方法实现平衡的供求关系，指引着企业和用户合理的用电时间与方式。

总之，5G 对于智能电网的价值是十分巨大的，5G 的应用使智能电网增加了很多更便捷、高效的功能，可实现配电自动化、毫秒级精准负荷控制和低压用电信息采集。

7.3.2 5G 智能电网面临的严峻挑战

虽然 5G 在智能电网行业的应用对其发展起到了积极的推动作用，但智能电网目前的应用与普及依旧面临着很大的挑战。智能电网面临的挑战如图 7-3 所示。

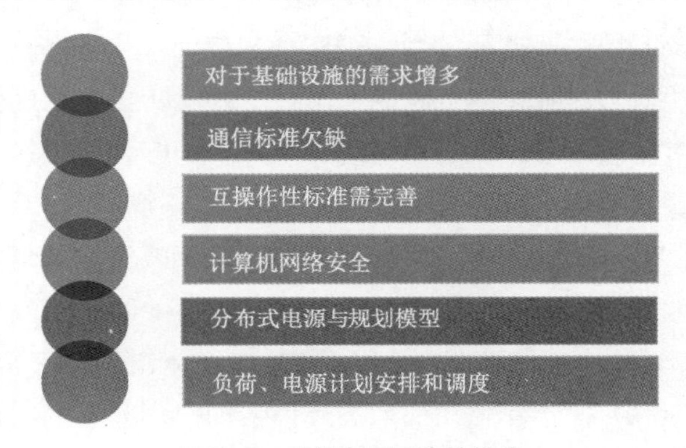

图 7–3 智能电网面临的挑战

1. 对于基础设施的需求增多

智能电网需要较为广泛且灵活的网络覆盖模式。目前，智能电网的网络覆盖结构并不明确。随着智能电网的安装区域不断扩展，如何支持电网的正常运行仍是不确定的问题，智能电网的功能与效果还需要不断试验。

除此之外，还有采用新技术所带来的基础设施建设问题，可能遇到基础成本、风险操作、工作人员技术知识不充足等问题。

2. 通信标准欠缺

通信标准欠缺，尤其与电源的分布模式、能源储存等相关的标准化的缺失，会对各个单位的系统优化、数据交换、运行效率造成巨大干扰。

3. 互操作性标准需完善

互操作性标准的完善，使智能电网系统的各类设备中的相互协调运作成为可能。但在某些行业，像电源的分布模式与能源存储所具有的标准还十分有限。

电源的分布式连接模式在协调功能无法达到目标的情况下，只能以满足部分需要或自查自治的方式运行。电源的分布式管理与发展需要从智能电网的角度考虑，使其与智能电网相互协调运作。

4. 计算机网络安全

在网络行业，信息数据还存在诸多风险，这些都会成为阻碍智能电网顺利普及使用的问题。

5. 分布式电源与规划模型

智能电网的规划模型受计算机网络、各类设施、市场接受情况、国家政策的支持等各方面的影响。而在分布式电源和规划模型的建设中，如何优化网络系统，成为需要解决的重点问题。

6. 负荷、电源计划安排和调度

在逆变器的再生能源促使发电的这种模式日益发展的情况下，智能电网的兼容性十分受限。其需要改变成为同时管理原有发电系统和新技术带来的逆变器控制下可再生能源发电的兼容模式。

智能电网虽是新时代的产物，但在实际进行操作的时候，还存在诸多挑战，需要在日后的应用中逐步克服。

7.3.3 5G 智能电网的应用场景

通过对行业内需求的分析，可以识别出对于5G具有迫切需求的场景。在未来，5G推进智能电网的发展会体现在四大场景模式之中。

场景1：智能分布式配电自动化。

配电自动化是一项综合信息管理系统。它可以改进电能质量，降低运行费用，为用户提供更好的服务。

当前主要采用的是集中式配电自动化模式，但随着可靠性供电要求的提升，可靠性供电区域必须实现电力不间断供电，将事故时间缩至最短。

这对集中式配电自动化的集中处理能力提出了严峻的挑战，因而智能分布式配电自动化是未来配网自动化发展的趋势之一。

场景 2：毫秒级精准负荷控制。

目前，电网行业处于“特高压交直流”电网的建设时期，保障控制系统的安全稳定性依然是出现故障的情况下保障电网安全的重要手段。若某线路出现“特高压直流”双向关闭，电网系统的损失功率将超过既定限额，电网的频率不再稳定，甚至会出现系统频率停止运作等问题。

而依托 5G 的智能电网系统可以很好地解决电网系统的各项问题。根据新技术带来的对负荷控制的精准性，将目标对象进行细致划分，明确找到用户内部需要中断且能够中断的负荷部分，并进行处理。这样既能满足电网系统出现问题时的应急处理，又能对问题涉及企业用户进行分析，对可中断负荷的用户进行处理，保障经济生活的稳定性，将各类损失与影响降至最低。

场景 3：低压用电信息采集。

低压用电信息采集是对用户的用电情况进行数据搜集、分析及监控故障的系统。

在未来，低压用电信息采集在智能电网的助力之下，将有用电信息、数据信息等随时上传的功能。同时，企业与用户的电网终端的数量也会有大幅度的提升。未来的用电信息采集将延伸到用户家中，快速获取全部用电终端的情况，针对负荷的问题将以更细致的划分方法实现平衡的供求关系，指引着企业与用户合理的用电时间与方式。

场景 4：分布式电源。

风力发电、电动汽车充电站、储能设备和微网等分布式电源是一种为用户端服务的能源供应方式，可独立或并网运行。

分布式电源并网运行给电网的安全稳定运行带来了新的挑战。传统配电网的设计没有考虑分布式电源的接入。而分布式电源在运行后，网络结构发生了变化，从原来的单电源网络变为双电源或多电源网络，配电方式更加复杂。

因此，配电网需要发展新技术，增加配电网的稳定性、灵活性。分布式电源监控系统使得控制自动化得以实现，可以进行数据采集及处理、功率调节、电压控制、孤岛检测、协调控制等功能，可满足分布式电源的稳定运行。

通过对于 5G 智能电网的应用场景的分析可以看出，在不同的场景下，各种业务的需求差异有明显区别，这体现在对于不同技术的不同标准之上。

7.4 智能城市安防，改变实际应用

安全是人们健康生活的重要保障，将 5G 与安防系统相结合，可打造新型智能安防，获取真实、有效的数据。通过对于数据进行合理分析，找到解决安全问题的方法。

7.4.1 通过智能化手段，自行识别焦点

公共安全一直是各个国家（或地区）所关注的重点问题，而智能安防已融入社会需要的很多方面，安防监控涉及交通领域、公共安全领域、工商业领域，以及家居设计等众多领域。

公共安全是十分重要的，当前，视频监控技术快速发展，图像越来越高清，监控行业也不断扩大，但这些却没有真正意义上提升视频监控的效果和价值。

其原因就在于安防系统需要人、物、技术三方面的结合。而大规模的视频监控会产生大量的图像信息数据，增加了工作人员的工作强度和图像回放的复杂性，影响了监控的价值与追溯的有效性。

想要解决视频监控的难题，需要监控设备更加智能。视频监控设备的图像中真正需要的不是全部内容，而是其中关键的少部分。如果监控设备能够通过智能技术自行识别监控的焦点内容，那么，每次存储与传输的才是真正有价值的内容，才可以提高视频监控的效率。

我国安防产业发展较快，普及度高，但是传统安防系统对于人类的依赖性比较高，而智能安防系统能够实现自主智能判断，节省了人力资源。在智能监控视频中，智能安防系统可以自动辨别，并对突发事故自动报警。

智能安防系统相比于传统的安防系统更加高效、便捷，不但节省了人力成本，而且对于事件的反应十分迅速，可使安防更具效果。

7.4.2 实现面部自动识别

自动面部识别技术在安防行业一直是热门话题，它是生物识别行业中重要的技术。随

着5G、人工智能等技术的研发与应用，自动面部识别技术也随之发展，并在城市智能安防中起到了十分重要的作用。

1. 助力城市安防

智慧城市的建设离不开自动面部识别技术的应用。面部自动识别技术是判断身份的重要手段，在公安机关各类业务中起着重要的作用。

在警察巡逻、入户调查、出国入境，以及民事刑事各类案件调查中，警察都会运用自动面部识别技术来确定相关人员的身份。并且，在查看录像时，海量的数据信息会耗费大量时间和警力。而面部自动识别系统可以通过网络存储的数据信息实现人员身份管理，提高办事效率。

2. 赋能智慧交通

各个城市的交通枢纽都是城市设施建设的重点，而人口流动大、人员结构较为复杂等因素为案件的解决造成了难题。面部自动识别系统可实现对于交通枢纽区域、各大商场住宅电梯出入口、出入境进出口的排查跟踪工作。

3. 保障校园安全

拐卖儿童与人口走失的案件时有发生，为保障学生安全，学校可统一安装面部自动识别系统。

学生或者家长进出校园需要刷卡，家长通过面部识别认证才能接回学生。如果认证无效，系统会自动拍照，并立即响起警报通知工作人员。如果认证成功，系统会正常拍照，并予以放行。

无论识别认证是成功，还是失败的，系统都会自动拍照作为记录。在记录上，对于每次接送都有具体的时间标注。不仅如此，系统还具有短信提示功能，家长可以通过手机查看照片，实时监控接送学生的过程，将拐卖学生的可能性扼杀在摇篮里。

4. 社区管理应用

面部自动识别系统也可以应用在社区之中，既保障了社区的安全，又便于社区的管理。在未来，进入智慧社区将需要进行面部识别，全方位保护居民的隐私与安全。同时，依靠面部自动识别系统可方便社区对于外来人员的管理，提升了社区整体的服务水平。

面部自动识别技术可激发科研人员对于智能安防的热情，可助力智慧城市的发展，保障人们的生活安全。

7.4.3 无线传输，提高监控有效性

在市场中，智能安防主要应用方式体现在无线客户端，也就是手机监控之中。通过下载监控类 App，用户可以实时通过手机监控或查看家中、商店、企业的具体情况。5G 的发展使手机的监控视频品质有了很大提升。同时，5G 与物联网的结合，更加促进安防监控行业的高速发展。

在智能城市安防的建设中，实时监控系统将得到大力发展，它可以通过软件视频进行实时的监控，既便利又灵活。依托 5G 网络，无线传输模式的移动监控系统将发展得更加智能。

无线监控主要由两大类组成：一类是由固定设备接收移动手机传送来的信息，这种类型常在警用方面使用；另一类是由固定设备传送数据信息至移动手机处，这种类型则常用于家庭安防行业，如智能手机监控软件。

在一般情况下，监控设备与被监控目标处于固定状态，而监控中心可以是移动状态。而当监控基点较为分散、监控目标不再固定、监控中心与其有明显的距离时，可以运用无线网络监控系统进行实时监控，提高了监控的有效性，保障智能安防的价值更好地实现。

无线监控系统降低了布线工作的工作量，节约了成本费用，实时定位能力较高，具有较强的灵活性，主要表现在以下几个方面。

（1）投入成本降低，无线监控系统使得监控任务不再受线缆管道的拘束，安装花费的时间较短，运营维护便捷。

（2）无线监控系统的扩展性较好，可以灵活改变移动终端设备的模式。

无线传输技术对于智能安防和智慧城市的建设都有巨大的推动作用，依托无线传输技术发展的智能监控系统是智能安防的中心内容，智能安防也是建立智慧城市的重点内容。

第8章

5G，助力智慧物流

5G时代的到来已成趋势，在新的时代，任何行业都离不开新技术的使用。物流行业也需不断改善自身，运用5G完善工作模式，提升工作效率，更好地服务于消费者，给消费者更加美好的购物体验。

8.1 传统物流存在的问题

虽然国家对于物流行业加大了监管力度，规范了服务的标准，但是传统的物流模式依然存在效率低下、信息化程度低等缺陷，影响消费者的购物体验。

8.1.1 传统物流的四个环节

传统物流的四个环节包括：包装、运输、装卸和仓储。传统的物流环节效率低下、人力成本高，并且信息化程度低。5G在物流行业的应用，能够给其提供技术支持，使物流业的发展产生巨大变革。

传统物流体系中，往往一个环节出现问题，整体的物流流程都会受到影响。不仅影响消费者的购物满意度，还增加了物流成本。传统物流中存在的问题如图8-1所示。

图 8-1　传统物流中存在的问题

1. 物流体系反应慢

物流流程中的各个部门都以自己的利益为先，这使得各部门之间不能很好协作，降低了整个体系的运作速度，增加了运营成本。

例如，某服装品牌，商品的供应商和销售商之间没有进行良好的沟通，库存信息没有及时共享，造成了供应商的仓库里积压了大量商品，而一些销售商却出现商品断货的问题。这不仅增加了供应商的库存成本，还影响了销售商的销售业绩。

2. 物流订单处理慢

在物流流程中，订单的处理快慢直接影响商品的打包、运输、交货效率。传统物流从订单处理到发货一般用时 1～2 天，但是根据不同商品的生产性质、运输地点、交货方式的不同，所需时间可能还会更长。

3. 物流规划布局不合理

物流体系中的地域问题也十分严重，每个地区都希望建设成为物流中心，导致各地区之间的割据现象严重，综合性管理能力不高，资源浪费严重，影响物流体系的整体发展进程。

4. 物流配送模式不佳

我国物流配送模式较为开放，目前有很多企业都建立了自己的物流体系，但是大部分营运规模小，服务质量也难以保证。

以上物流体系中存在的弊端会影响到打包、运输、装卸、仓储的各个环节之中，使得环节与环节之间的衔接不通畅，最终会影响物流体系的效率。

8.1.2 传统物流的配送问题

传统物流的配送方面也存在诸多问题，原因就是一些企业在物流配送方面存在认知误区。一些企业只将物流配送视为配货和送货两个环节，没有形成为客户服务的理念。在配送方面，传统物流存在的问题主要表现在以下几个方面。

1. 配送比率低、配送成本高

目前大多数生活用品的配送比率较低，配送的残损率较高，这些问题十分不利于生鲜食品和其他快消品的配送。

2. 设施落后、功能不全

由于现代化配送中心需要高资本投入，为节省成本，一些企业将原有的仓库改造为配送中心，自动化设施十分缺乏，配送中的装卸、搬运等大都由人工完成，导致效率低下，残损率高。

3. 物流配送模式选择不当

目前，物流配送模式有四种：供应商配送、企业配送、供应商与企业共同配送、第三方物流配送。企业应该根据自身实际情况来综合运用这些配送模式。

4. 信息系统不完善、信息处理能力欠缺

大多数企业没有完善的配送信息系统，依靠人工处理配送信息，有的企业虽然建立了信息系统，但信息处理能力也十分欠缺。

5. 缺乏配送人才、管理水平不高

目前精通经营管理、物流配送运作的复合型人才十分缺乏，人才的缺乏影响了配送中心的物流信息处理和系统的完善等，影响了配送中心的管理水平。

传统物流中的配送问题也是传统物流中需要解决的问题之一，配送的诸多弊端不仅影响了消费者的购物体验，企业增加的支出成本、效率低下等问题也影响了企业的效益。

8.1.3 物流体系不完善

虽然物流行业发展迅速，但是我国的物流体系并不完善，传统物流行业如果对未来的发展趋势把握不到位，很容易将服务局限在基础层面，不利于行业的良性发展。

由于物流体系的不完善，消费者经常在商品的物流配送中遇到商品损坏、物流未更新、商品丢失、退款困难等问题。

例如，一名消费者于“五一”期间在网上购买了一件价值 200 元的商品，从广东广州发往北京，但物流更新在显示到了河南郑州之后就再也没有更新过。该消费者打电话询问客服情况，客服推脱“五一”期间快递量大，“五一”后快递就能送达，但是最终物流也没有更新，最后消费者才被告知商品已丢失。

从上述案例中不难看出，商品丢失不仅给消费者带来了不良的购物体验，也给商家造成了损失。虽然物流行业增长迅速，但是由于物流企业过分注重开设网点，扩大业务量，忽视了消费者权益的保障，产生了诸多问题。问题产生的原因可能是工作人员的失误，但也反映出了物流体系的不完善，主要表现在以下几个方面。

① 物流服务行业功能单一，工作人员的服务意识不强。

② 物流行业的资源整合力度低。

③ 同时具备运输、配送、仓储等一体化功能的物流企业较少，运输、配送过于分散，极大地影响了效率。

④ 物流行业的交通运输、服务管理、供应链机制和物流信息化服务等都不尽完善，物流行业内部也缺少统一的标准。

⑤ 我国工业化进入中后期，整体产业布局还需要继续调整，产业升级和产业增长方式标准还需继续细化，产业联动还需加强。

由此可见，我国的物流体系还不完善，改进空间较大。若想打造更具优势的智慧物流，改进传统物流的缺点是必要的。

8.2 智慧物流的功能与特点

在 5G 的支持下，物流行业的感知功能增强、整体规划功能和分析功能都普遍增强，并且具有互联互通、深度协同和自主决策的优势。

8.2.1 智慧物流的七大基本功能

智慧物流依托 5G、大数据和物联网等技术有效地提高了物流的效率，也将为消费者带来更好的消费体验。

2019 年 3 月，浙江嘉兴的菜鸟驿站物流园已经将“智慧物流”的概念融到物流园的日常工作中。

以往园区内的货物搬运费时、费力，现在搬运工作基本由机器人完成。消费者在网上下单后，机器人可立即从立体仓中将货物取出，并按照订单需求将货物分装，自动完成快递单的粘贴，随后自动向收货地址分发。从仓储、出库、贴快递单再到分发，全程均为自动化操作。

除此之外，物流园还引进了电话机器人，电话机器人一天内能够接打电话 100 万余次，能够很好地解决消费者的取件时间和派送方式等，提高了配送效率。

由以上智能物流园的案例可知，智慧物流的发展能使现有的物理体系更加完善，原因就在于智慧物流的七大基本功能。

1. 感知功能

智慧物流能够实现运输、仓储、包装、搬运、配送一体化，并能做到实时信息传递，准确掌握配送情况，以往商品在物流中丢失的情况将不会发生。

2. 规整功能

智慧物流通过感知能将信息收集到网络中心，并进行分类，能够推进整体网络融合，提高整体效率。

3. 智能分析功能

智能分析功能通过模拟器模型分析物流过程中的问题，从而甄别物流运输过程中的薄弱环节，并及时修正。

4. 优化决策功能

优化决策功能对物流过程中的成本、时间、服务等方面进行整体评估，及时预测风险问题，尽快提出解决方案。

5. 系统支持功能

系统支持功能能够有效优化现有的物流体系，将物流的不同环节相互联系，整体优化资源配置，提高各环节的协作能力。

6. 自动修正功能

自动修正功能可以准确找到问题，制定解决方案后，并自动对问题进行修正，同时记录修改的内容，方便以后查找。

7. 及时反馈功能

及时反馈功能贯穿于智慧物流的每一个环节，工作人员可及时了解物流的每个环节，同时为系统问题的解决提供了保障。

智慧物流这七项功能的应用能够进一步解放生产力，降低运营成本，提高物流的效率。

8.2.2 智慧物流的 3 个特点

智慧物流依托 5G 而发展，是网络技术与物流行业的融合，无论是物流系统的智慧感知能力、规整能力，还是自动修复能力，都体现了智慧物流对于新技术的高效应用。智慧物流的 3 个特点如图 8-2 所示。

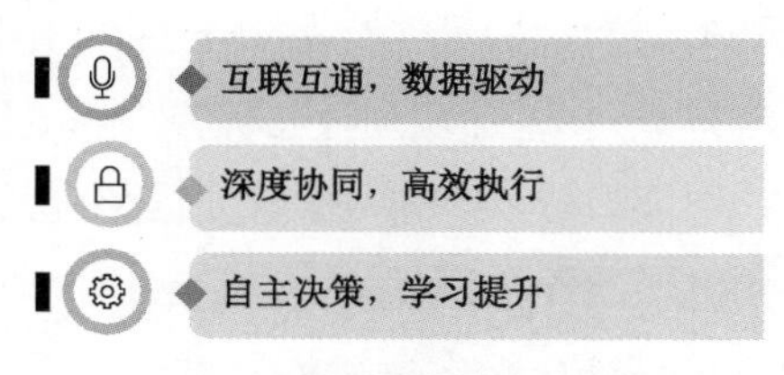

图 8–2 智慧物流的 3 个特点

1. 互联互通，数据驱动

所有物流环节实现互联互通，并且全部数字化管理，物流流程信息可实时获得，物流系统以数据信息为驱动，有效提升了物流体系的效率。

2. 深度协同，高效执行

不同的物流和企业集团之间深度协同，物流全程实现算法优化布局，将整个物流行业连成一个整体，提高各系统之间的分工协作能力。

3. 自主决策，学习提升

物流系统拥有自主学习能力，通过大数据和人工智能构建物流系统的“智慧大脑”，能够在学习过程中不断提高执行能力和系统优化能力。

总之，智慧物流系统具有高效的自主学习能力，并且能够实现信息联动，有效提升物流体系的调度、协作水平，优化整体布局。

8.3 5G 场景下的智慧物流

5G 的应用为物流行业的发展提供了技术支持，各类建立在新技术基础之上研发的智能机器和系统，推动了物流的智慧化发展。在未来，车联网、仓储管理、物流追踪、无人配送设备等场景中都将体现智慧物流的应用。

8.3.1 5G+车联网：无人驾驶承运车+智能叉车

无人驾驶承运车和智能叉车是十分引人瞩目的物流新设备。无人驾驶承运车主要应用于物流的运输行业，而智能叉车则大大提高了商品的分拣和上架效率。

2019 年 1 月 11 日，从中国长沙发至美国阿拉斯加国际消费类电子产品展览会的快递顺利到达。和传统的快递方式不同，此次快递由百度自驾平台的无人车队接力运送，顺利实现从物流园区到高速公路和机场的无人运输。

实际上，无人驾驶承运车只是这次无人运输的一部分，百度平台成功打造了全闭环的物流运输系统，实现了全场景覆盖的自动驾驶物流闭环系统。技术人员表示，平台支持的无人驾驶车辆系统可适应复杂城市道路的自动驾驶，拥有自动错车功能，也能实现对行人和车辆的智能避让。

由以上案例可知，无人承运车实际应用到物流运输已经不再遥远，智慧物流也为人们的生活带来更多便利。

除了无人承运车，智能叉车也是智慧物流中的重要设备。传统的物流行业中，叉车负责货物的拣选和运输工作。5G的应用促进了传统叉车的升级，进一步适应了智能物流的仓储要求。

条码识别、无线传输等技术开始加入智能叉车的功能中，提高了智能叉车的工作水平与复合能力，增加了附加值。

根据市场需求，东大集成企业利用 5G 研究出了智能叉车方案，这个方案主要是指将AUTOID Pad、扫描枪、集线盒运用于智能叉车之中，将软件技术与硬件技术融合在一起，将叉车系统与仓储管理相结合，增强整体运作系统的高效控制与管理。

AUTOID Pad产品拥有7英寸（1英寸=2.54厘米）的屏幕，适合处理信息，便于携带；支持 5G 网络的使用，设计独特，信号强度较高，抗干扰能力较强，能在嘈杂的仓储环境中平稳运行，保障了工作效率。其电池容量较大，能支持机器运行12小时以上，同时，先进的扫描引擎能实现极速扫描。

无人驾驶承运车和智能叉车的应用可以从运输到分拣各环节有效提升配送效率，实现了仓储物流的全方位管理。

8.3.2 5G+智能仓储管理系统

仓储管理是物流的重要一环。传统的仓储管理需要工作人员对每一件货物进行扫描，不仅工作效率低，并且容易发生货物分类错误或杂乱堆积等现象。

智能仓储管理系统的应用能有效提高进出货效率，合理利用货物存储空间，扩大存储容量，降低工作人员的劳动强度，并且能够及时对货物进出进行监督，提高交货效率。

由于商品对物流造成的压力，爆仓和丢包的情况时有发生。2018年“双十一”期间，京东的成交额达到1 598亿元，天猫的交易额达到2 135亿元，总订单量更是超过十亿件，物流行业面临的压力可想而知。

而智能仓储管理系统能有效减少“双十一”后的爆仓现象，也能降低工作人员的工作强度，提高快递的配送效率。智能仓储管理系统具有以下几大优势。

1. 出库管理

出库管理可以对大批量货物入库和出库的信息同时进行采集与校验，能有效降低短时间内出货量大带来的管理难度。

2. 移库管理

移库管理能够明确货物信息，完成货物的精准移库，减少移库错误的发生。

3. 盘点管理

工作人员可以通过货物信息采集机对所有货物进行快速盘点，有效提高工作效率。

4. 无线监测

无线监测可以通过无线温度传感器实现对货舱温度和湿度的变化进行24小时监控。

5. 电子标签

电子标签的使用能实时显示货物的电子物流状态，工作人员可实时监控货物信息。

6. 智能化调度

智能化调度能够对数据进行分析，并能实现设备、工作人员和货物的智能化调度。

除了以上优势，智能仓储管理系统还能增强信息的安全性，减少货物冒领和丢失情况的发生，智能仓储的温湿度监控功能也有利于食品类货物的保存。

8.3.3 5G+物流追踪：运输监测和智能调度

5G在物流行业的应用中展现出了极大的优势，其优势包括优化广泛产业中的物流，提升人员安全，提高资产定位与跟踪效率，最终实现成本最小化。除此之外，5G还将实现在途商品的动态跟踪、运输检测与智能调度。

在运输监测中，利用5G可以完成车辆及货物的实时定位跟踪，对货物的状态、温湿度情况进行监测，同时能监测运输车辆的速度、胎温胎压、油量油耗等车辆行驶情况。

在运输货物过程中，将货物、工作人员及车辆驾驶情况等信息结合起来，可提高运输效率、降低运输成本与货物损耗，消费者与物流企业都能清楚了解货物运输过程中的情况。

除此之外，利用5G还能实现车辆的智能化调度，提前为易碎、易燃、易爆等货物安排好配送路线，有效缩短运输时间，提高运输效率。

福建好运联联的无车承运人平台是全国首家将 5G 传输的窄带物联网技术应用到货运物流中的企业。该企业通过一系列传感技术，将人、车、货连接起来，实时监控货车运输动态，实现透明化运输。

运输车辆不仅能实时向后台提供在途的位置和行驶轨迹，其配备的有关油耗、温湿度、姿态等八大传感器，还能实时提供相关数据，实现与平台之间的智能调度交互，最终实现高效物流，产品配备的八大传感器如图 8-3 所示。

图 8-3　产品配备的八大传感器

例如，通过空重传感器反馈的数据，后台能了解这辆车是否处于载货状态；通过姿态感应反馈的数据，后台能了解货车内的货物的摆放是否处于正确位置，从而及时进行调度。

随着 5G 时代的到来，物流行业将因 5G 的应用而迎来爆发式发展，实现高清摄像等大容量、非结构化数据的实时传输与处理。

8.3.4　5G+无人配送设备：智能快递柜+配送机器人

5G 的应用将助力于物流配送，既节省人力成本，又提高了工作效率，还能提升消费者的购买体验。智能快递柜和配送机器人就是应用于智能物流配送环节的重要设备。

智能快递柜的原理比较简单，每一件快递都有自己的单号，而在射频、红外线和激光扫描等技术的应用下，能将每一件快递都纳入物联网中，实现快递信息与互联网的结合。

智能快递柜上的信息识别系统和摄像信息采集设备也能将所有信息传递到数据中心处理，再反馈到每一个设备终端，完成短信提醒和身份识别等工作。

《中国智能快递柜行业发展前景预测与投资战略规划分析报告》显示，智能快递柜行业发展势头良好，截至2018年6月底，智能快递柜在我国一二线城市的普及率已达到75%。预计到2020年，快递柜的投放数量将达到80万组。

快递专用的配送机器人拥有大量传感器，能对图像、温湿度信号进行采集，配送机器人在使用过程中能够向收货人发送配送信息，保证配送任务的顺利完成。

京东的配送机器人就是在这方面的成功尝试。京东配送机器人已经在交管部门备案，它会以15km/h的速度在非机动车道行使，并能自动避让行人、车辆，可以根据红绿灯的指示通过路口。京东配送机器人的取件方式有人脸识别、输入取货码和App确认三种。

配送机器人的应用还处于试用阶段，可以成为人工配送的补充，提高整体配送效率。

智能快递柜和配送机器人为智能物流的发展注入了新的力量，能有效提升物流的配送效率。

第9章

5G+新零售，开启购物新模式

新零售的概念是“线上+线下+物流”，未来纯电商会逐渐消失，市场将迎来新零售模式，线上与线下需要相互结合，而5G应用于新零售行业，可开创购物新模式，提升消费者的购物体验。

9.1 新零售概述

5G将改变未来的消费模式，零售业也将突破传统模式表现出“新”的业态革命，新零售将通过5G、人工智能和大数据的结合，实现零售业服务体系的变革和发展。

9.1.1 新零售的概念

新零售是相对于传统零售而言的，它可为消费者创造一个线上线下互通的消费场景，让消费者既能享受购物的乐趣，也能体验到场景环境的气氛，提升整体的购物体验。

例如，李华想要在周末改善伙食，为了节省开支，他会选择去菜市场买菜亲自下厨，买菜与做饭的时间加在一起，想要吃上一桌丰盛的菜肴，至少需要一个上午的时间准备。

但是在新零售的场景下，李华想要在周末改善伙食，亲自下厨就不再是唯一的选择。

想吃海鲜可以足不出户就在App上挑选来自世界各地的新鲜食材，澳大利亚的龙虾、挪威的三文鱼、南非的生蚝应有尽有。李华可以在App上挑选食材，选好食材后还可以和客服沟通食材的制作方法，这样一来无论是在餐厅用餐，还是在家中享受美食，都可由李华自由决定。

由此可见，以餐饮业为例，新零售不仅为消费者提供更加方便快捷的服务，还为消费者丰富了就餐场景，为消费者带来更为人性化的服务。新零售带来的五大变化，如图 9-1所示。

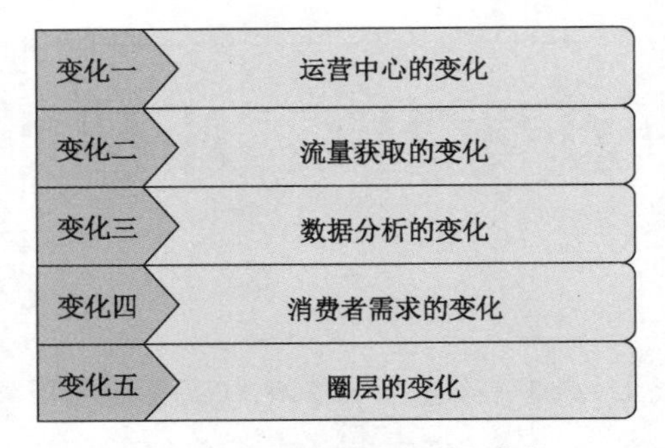

图 9–1　新零售带来的五大变化

（1）运营中心的变化是指过去以企业、品牌为主导，现在以用户为主导。

（2）流量获取的变化是指商品的购买被赋予社交功能，因此商家流量的获取也和过去不同。

（3）数据分析的变化是指通过大数据的方式对消费者进行画像和精准定位。

（4）消费者需求的变化是指消费者的个性化需求增强。

（5）圈层的变化是指联合运营，从点到圈，全面为消费者服务。

总之，新零售可以实现智慧场景的升级，为消费者提供更加个性化的服务。

9.1.2　新零售的发展

新零售的关键是以消费者为中心，分析记录消费者的购买行为，为消费者提供多元的场景体验。在设计和服务过程中，结合人工智能和数字平台的系统计算，满足商家对于消费者数据的观察要求，实现供应链和场景布局的优化，实现线上线下服务的精准配合。

传统的零售业通常以“店”为单位，消费者是否进店购买商品的随意性较强，供需平衡较难把握，商品积压或是商品短缺的现象时有发生。店的情况也和传统零售业类似，同样难以平衡供需关系。

但是新零售业的发展却可以解决传统零售业和电商的供需平衡问题。新零售通过对“消费者、商品、场景”三大要素的升级，能从商品的供应链上就进行优化，实现对商品运营更为精细的把控。

在新零售的场景下，消费者下载便利店 App 后，无论是到店购买了一瓶水，还是在 App 上购买了外卖咖啡，大数据平台都会对这些数据进行分析处理，为消费者精准画像，推荐消费者感兴趣的商品。在店内，消费者只需打开 App 就能实现自助结账付款，免去了人工结账、排队等候的时间。

生鲜超市新零售概念的引入也为不少消费者提供了便利。特别是前置仓的引入，不仅省去了开实体店选址、运营成本的投入，还切实保证了生鲜产品下单后，40 分钟内到家的快捷服务，让线上即时购买生鲜商品成为可能。

无论是便利店 App 的引用，还是生鲜超市便利的前置仓服务，都是线上数字化技术分析和线下店面和物流配送的结合体，这种更为细分的场景化运营不仅能够有效扩大运营规模，也能降低运营成本，为消费者提供更为满意的服务。

9.1.3 行业驱动力

新零售行业的驱动力主要围绕大数据分析、云计算平台和智能科技等行业展开。新零售行业涉及的行业也较为庞大，无论是线下商店，还是线上电商都希望在新零售时代到来之际尽快转型。

新零售带来的行业转型主要依托于线下场景，以及消费者、商家、供应链的共同参与。消费者在场景中的体验主要包括从线上到线下的一切场景，不仅包括物流方式和支付手段，也包括如何辅助各类场景为消费者提供更好的服务。

电商对于新零售的定位类型如图 9-2 所示。

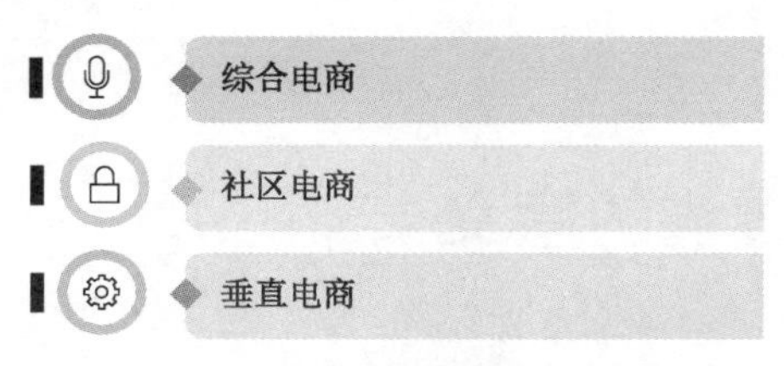

图 9-2 电商对于新零售的定位类型

1. 综合电商

像苏宁易购、淘宝、京东等类型的综合电商，已经为新零售时代的转型做好了准备。从生产端到消费端之间数据的把控，综合电商业能进一步提高运营效率。

以淘宝上生产的一款基本款洗发水为例，先和制造商确定基本生产协议，再根据不同商家的要求匹配消费者需求的香型、包装，再增加去屑、控油、保湿等不同功能，根据消费者需求制作商品。

2. 社区电商

小红书和蘑菇街就是社区电商的代表。和综合电商不同，这类电商的消费者群体的区分较为明显，消费者会在社区内进行交流沟通，并在社区内挑选商品，解决了在消费者海量购物平台上选择商品的时间。

O2O 模式是社区电商向新零售转型的关键点，能够实现网上购物和线下店面的结合，消费者可以在线上挑选并享受线下的送货上门服务，直观的评论方式也能促进商品推广。

3. 垂直电商

唯品会和贝贝网都属于专营某行业商品的电商平台。纯质经营母婴商品的贝贝网在新零售时代也将实现服务升级。社群电商将是垂直电商的新增长点，以个人吸引消费者，实现流量的增长，挖掘消费者购买潜能。

新零售对于传统线下商店的冲击更为明显，传统的购物广场和新兴的生鲜超市、便利店都将迎来转型期。例如，便利店的改造升级，智慧零售等创新模式都将给线下商店模式带来变革。

综上所述，未来新零售业的发展是线上电商和线下商店发展的机遇。与此同时，5G 的应用也将有效解决新零售对网络带宽和云平台信息处理的要求，为消费者提供更加便捷的服务。

9.2 5G 对新零售的意义

5G 时代的新零售主要的驱动力集中在消费者体验上，不是单纯对传统电商进行重构，新零售将逐步实现对“人、货、场”三方面要素的全面重构。

9.2.1 无界新零售赋能计划的成功

无界新零售是依托于 5G，通过对人工智能技术和大数据的分析实现企业从传统零售模式向新零售的转型，主要从人工智能行业入手。

2019 年 5 月 21 日，在北京举行的“智享无界”大会正式召开，大会由京东和数百家零售业、AR 行业联合举办，会议的主题是 AR 技术对于无界新零售行业的赋能，全面打造线上线下联动的新零售场景。京东将为合作成员提供以下支持。

1. 技术支持

京东以独特的技术研发优势为电商成员提供技术支持，为成员打造无界零售的新生态，并支持 AR 零售在新零售中的应用。

2. 资源支持

京东还将为电商成员提供流量支持，以及包括落地技术、投资渠道、金融服务在内的全方位协助，降低电商成员向新零售转型的风险，同时推动技术创新。

3. 服务支持

京东将为每一位电商成员打造新零售转型的落地方案，并且不断实践创新成果在实际中的应用，协助 AR 技术和新零售场景的结合，提升电商成员的行业竞争力。

AR 技术和新零售的结合已有成功的案例。京东已经拥有试妆和试衣功能的 AR 眼镜，让 AR 技术真正落地，融入新零售场景中。

AR 试衣镜可以实现在 3 到 5 秒内生成消费者的 3D 模型，实现一键试衣。AR 试妆镜的原理和试衣镜类似，也可以免去消费者反复试妆的困扰，预计这两项技术将很快投入实际应用中，而 5G 的应用也可以作为 AR 技术的强大支撑。

由此可见，无界新零售计划赋能在众多企业的共同合作发展之下，拥有广阔的发展前景，也将给新零售行业带来新的变化。

9.2.2 智能手机品牌将焕发新的活力

目前，随着智能手机普及率的增加，消费者更换手机的频率也逐渐放缓。相关数据统计显示，安卓用户年换手机比率已经下降了 11.2%，而苹果用户也下降了 11.8%。中国市场的智能手机渗透率也逐渐饱和。

除了市场趋于饱和，产品创新不足也是智能手机市场发展缓慢的重要原因。5G 时代的到来势必促进智能手机的更新换代，而新零售模式也能促进智能手机的销售，小米之家模式在新零售模式方面就做出了成功示范。

虽然截至 2018 年 10 月底，小米之家的全国门店只有 300 多家，但是已经成功达到了每坪营业额 27 万元的成绩，主要得益于以下几个方面。

1. 削减品牌数量

削减品牌数量指的是小米手机的同类产品只有一款，能够充分满足消费者需要，也能减少消费者挑选手机的时间。

2. 转变销售方式

在互联网时代，消费者对于商品的了解较为全面，已经不再需要店内工作人员诱导式的导购。消费者更加注重的是商品功能的体验，而小米之家就成为不少米粉体验最新商品的场所。

3. 统一配送服务

小米体验店和普通的智能手机商店不同，在店内只提供体验服务。消费者下单后可享受送货上门和后续的安装服务，仓储和物流的分离也能提升消费者的购物体验。

总之，新零售可以作为智能手机行业拓展市场的新方向，智能手机品牌可借助新零售模式提升自身品牌形象，为消费者提供更为周到的服务。

9.2.3 商业场景化变得异常简单

说起新零售的商业场景，一小时内极速达的生鲜速递和无人超市、无人售货柜等便捷的消费模式将成为现实。新零售的到来将为人们的生活带来诸多便利。

新零售的代表“超级物种”和航空企业的合作就为消费者提供了全新的消费场景，将目标客户瞄准“空中一族”。当前机场的餐饮业品种单调，品质也缺乏保障，很难满足消费者的就餐需要。“超级物种”就对准了机场餐饮行业，致力于为消费者提供更加完善的服务。

开设在机场航站楼大厅内的“超级物种”旗舰店由“船歌鱼水饺”、“盒牛工坊”、“鲑鱼工坊”、“爱啤士工坊”等孵化工坊共同组成。“超级物种”为消费者提供食材多样的菜品选择，还为消费者提供具有当地特色的礼盒商品，将餐饮和购物两大场景融为一体。

“超级物种”不仅商品种类多样齐全，还特意为经常出差的“空中一族”们提供了数十款“一人食”套餐，满足了消费者多样化的用餐需要。

由此可见，新零售不仅为消费者提供了更加多样的消费场景，还简化了消费流程，让消费者可以随时、随地享受优质服务，提高消费体验。

9.3 新零售三要素的升级

新零售的三要素主要由消费者洞察、精细化运营和商品与供应链的管理组成，基于 5G 应用的大数据分析和云端的数据处理平台是新零售行业技术升级的重要支撑。

9.3.1 消费者洞察

消费者洞察的概念和消费者画像类似。消费者画像指的是将一系列真实的消费者数据虚拟成一些消费者模型，找出模型中的共通典型特征，细化成不同的类型，再根据这些细分数据构建消费者画像。

而消费者洞察也是类似的流程。消费者洞察中的消费者数据分为静态信息数据与动态信息数据两大类。静态信息数据比较容易掌握，因为其产生后就不会发生太大变化的。而动态信息数据在搜集时较为困难，因为其是实时变化的，根据消费者在不同时期的喜好有不同的特点。

而动态信息数据是商家所需要关注的，因为动态信息数据真正体现了消费者的好恶，是商家在未来销售中最明确的指导方向。

动态信息数据由于其变化较大，所以新零售行业的商品供应应该基于对消费者信息的追踪、搜集，并且从其变化中分析目标消费者需求的改变，这样才能根据该变化来对商家未来的发展道路进行调整，保证商品销售的稳定性。

总之，新零售行业中的消费者洞察实际上是将消费者标签化的一个过程。在经过数据收集、行为建模后就可以构建出消费者洞察。而在其被建立之后，可更好地为消费者提供所需商品，提高整体行业服务水平。

9.3.2 精细化运营

对于电商来说，成本和流量都十分有限，如何将有限资源精细化运营，保证成本转化有价值，就要尽可能提高消费者的转化率，确保消费者的复购率，这些的实现都离不开精细化运营。企业可遵循以下几个步骤逐渐实现精细化运营。

例如，贝贝网每天 9 点准时上新的运营策略，就是在大数据的分析下进行的，推出的商品或是顺应节令，或是母婴必备的快消品，而且折扣力度较大，能够起到很好的引流效果，也受到不少消费者的喜爱。

电商具体的精细化运营方式主要包括以下几个步骤。

1. 消费者分层

消费者分层策略是精细化运营的基础，不同的层级企业应采取不同的运营策略，消费者分层策略本身也代表消费者的成长，同时便于运营的管理。

2. 活动策划

活动策划主要针对不同层级的消费者设计不同活动，各层消费者的特点决定活动的内容选题和时间，促进不同层级的消费者都有参加活动的意愿。

3. 投放渠道

选择合适的渠道进行投放也是商品提升销量的关键。相关数据显示，在有些渠道上投放的广告虽然浏览量较高，但是购买率较低，这部分消费者的年龄较低，购买力有限。因此，投放渠道也是精细化运营十分关键的一部分。

4. 策略积累

运营策略和消费者的匹配度需要借助大数据的分析，从技术、数据、商品三个方面进行考查，对消费者进行科学分层，真正实现精细化运营。

总之，从贝贝网的案例可以看出，对于垂直行业的挖掘和未来 5G 下大数据的支持可以为新零售行业的精细化运营带来新的突破。

9.3.3 商品与供应链管理

商品和供应链的管理也是新零售行业的重要环节。在 5G 的支持下，以生鲜行业为例，大数据对于供应链的重构能够真正为消费者提供“不卖隔夜菜”和“线上购买 30 分钟送达”的优质消费体验。

由于消费者对于生鲜商品的时效性要求较高，而传统农产品市场分布较为分散，商品标准化程度低，很难满足消费者需要。生鲜商品和农副商品集散、分销环节耗损较大，冷链配送成本高，品种不够齐全等都成为生鲜消费的痛点。

新零售的代表品牌盒马鲜生就通过对商品与供应链的管理解决了上述消费痛点。

盒马鲜生作为国内起步较早的生鲜配送品牌，已经基本覆盖消费者日常所需的菜、肉、蛋、奶四大消费品，为消费者带来了全新的消费体验，强大的供应链能力是盒马鲜生配送能够快人一步的关键。

盒马鲜生通过以上供应链能力的联动配合和果蔬基地的建设，保证了品牌供应链对物流的强大支撑。

与传统的生鲜超市不同，盒马鲜生通过对大数据的运用和智能物联网，以及自动化设备的应用，保证了人员、货物、场景三者之间的顺利匹配，并且在仓储、供应和配送三个方面都建设有完整技术体系，为消费者提供了满意的商品。

总之，5G 时代的到来能够进一步提高新零售行业内的商品和供应链的管理效率，人工智能技术的引入也能让消费者体验更加便捷和优质的服务。

9.4 5G 应用于购物

5G 将改变未来的消费模式，对于依托于网络的电商行业也有促进作用，高速的传输速率与丰富的频谱资源保障了消费者的浏览采购需求，简化了消费流程。

9.4.1　打通线上线下，实现高度融合

新零售的重要特点就是实现线上线下销售的结合，有效提高商家的运营能力，商品销量也呈现明显提升趋势。小米的新零售模式就是新零售行业打通线上线下消费的典范。

小米手机的销量持续增长，2019 年小米手机的全球出货量排名第四，截至 2019 年第一季度，智能手机收益为 270 亿元。小米手机能够取得良好的销量，除了商品质量过关、价格实惠，线上线下联合销售的新零售思维也是小米智能手机能够取得较高销量的关键。

在新零售时代来临的形势下，小米加大了对线下市场的关注，重视客流数据，认为只有使线上线下互通流量，才能激活线上流量、增加线下流量，获得双赢。

如何获取、分析线下店铺的客流量、转化率、进店率或商品关注度等将成为门店运营的关键，这些数据对于新零售而言具有极大的价值。

小米之家门店安装了客流统计系统，可统计门店的商品关注度、客流转化率、客单价等数据，提高了小米之家的运营效率。新零售的关键在于效率的提升，线上线下相结合的模式可极大地提高线上和线下销售的效率。

由此可见，线上线下结合的运营模式是十分具有优势的。不少线下实体商和线上电商的竞争也日趋理性。越来越多的实体商业开始结合线上经营的方式，促进销量的增长。零售业应采用线上线下销售相结合的方式重新定义新零售的发展。

纯电商的时代即将过去，未来的二十年里，电子商务也将被新零售取代。线下企业必然走向线上，而线下企业也将和线上企业结合，再加上 5G 时代的新型物流，货物积压和货物爆仓的情况将不复存在，物流的价值也将真正体现。

新零售对物流的影响也相当明显。新零售的本质就是线上线下配送结合的物流体系，可精简物流配送环节，使得物流配送更加高效。

随着个性化消费的到来，货物仓储的时间将越来越短，库存也逐渐向消费者方向转移，最终将形成自由、开放的物流系统，为消费者提供更加令人满意的服务。

总之，打通线上与线下销售可激活线上流量，也可使线下的销售更具效率，同时，仓储配送方面也更加便捷，具有十分明显的销售优势。

9.4.2　简化购物流程，“拿了就能走”

将 5G 应用于购物是新时代的销售模式，消费者不再需要花费大量的时间进行商品的

挑选，排队结账，每个人只需要配备相应的软件，授权于软件，便能享受精简的购物流程。

例如，无人便利店就是运用 5G 的先进技术发明的销售方式。淘咖啡无人便利店为消费者提供“拿了就走”的便捷消费模式。

淘咖啡无人超市有两个闸道，一个为进口，一个为出口。消费者在进店之前需要打开专用的 App 软件或者微信小程序，利用会员系统自动生成的二维码进行认证，认证之后可以进入商店，随意挑选消费者需要的各类商品。

当消费者挑选完商品之后，来到出口闸道支付款项区域，只要消费者开启支付宝免密支付，系统就会自动认证扣费，闸机也会自动开启，消费者便可离开商店。

重力传感器的应用不但可以帮助消费者计算消费金额，还可以帮助店铺统计每天卖出的商品数量，并确定是否需要进行商品的补给。

由此可见，5G 应用到购物中后，可简化消费者的购物流程，使消费者的购物方式更加智能。

9.4.3 通过全息投影浏览商品

通过全息投影浏览商品也是 5G 在商品销售行业的重要应用之一。当前全息投影技术主要用于广告宣传和产品发布会中的展示，3D 投影广告为消费者带来了全新的感官体验。

例如：某品牌推出了一款新的鞋子，若想打动消费者，已经不能使用老套的文字+图片的营销策略了，那无法满足现代消费者的心理需求。因此，品牌负责人需要寻求新的宣传手段进行商品展示，而全息投影展示商品就是很好的选择，新鞋原图如图 9-3 所示，新鞋全息投影影像图如图 9-4 所示。

图 9–3 新鞋原图

图 9–4　新鞋全息投影影像图

由图 9-4 可见，全息投影生动地展现了这款鞋子的特色之处，让其更加鲜活地出现在消费者的眼中。

在相对黑暗的环境下，利用突出颜色线条勾勒着鞋子的轮廓，使其形成相对立体的模型，不同形状的图案交叠在一起，展现出了对于鞋子细节的设计，耀眼的颜色更是抓住了消费者的关注点。在消费者没有看到实物之前，甚至可以猜想它的样子。

鞋子不仅仅是用来穿的，也是一种理念的宣传。全息投影技术可以根据品牌的需要，为商品量身打造。从色彩形状到表现形式都能贴合品牌的设计，突出商品的亮点，使商品得到更多消费者的喜爱，也由此能够销售更多商品，获得更多利润。

全息投影在购物中的商品展示方面具有极其突出的优势，将店铺想要推广宣传的商品放在全息投影橱窗之中，凭空出现的立体影像，360° 高能旋转，能吸引消费者的注意力，为消费者留下深刻的印象。

与传统的展示台不同，全息商品展示台能够运用生动的表达方式，赢得消费者的喜爱。

将全息投影技术应用于 T 台走秀行业中，可将模特的服饰与走秀刻画得十分美妙，让消费者体验虚拟与现实相融合的梦幻感觉。而且，它不仅限于 T 台行业，商场与街头的橱窗中也可以尝试动感的展示效果。

未来的全息投影技术的应用将打破传统的宣传手段，更好地向消费者展示商家的各类产品，不仅能让消费者更加了解商品，买到心仪的商品，还有利于后期大规模销售。

9.4.4　海量真实数据，规避消费风险

5G 应用于新零售实现了数据信息的共享，有效避免了消费者购买商品后发现商品与需求不一致的风险。

例如，消费者想要购买一套包括餐桌、餐椅的餐厅套装，但整个过程或许较为烦琐，需要消费者确定摆放位置，测量尺寸，选择搭配，而 5G 的应用可以帮助消费者解决这一难题。

消费者只需要在 5G 网络下在线查询该款餐厅套装的规格，就可直接将餐桌、餐椅的 3D 投影投射到真实的家居环境中，轻松确定了餐桌、餐椅的尺寸、风格和家庭空间的匹配，避免了到货后商品和整体家居不匹配而不得不退货的麻烦。

上述案例就体现了 5G 运用于购物的价值和其带给消费者的良好体验。5G 为手机摄像头与终端人工智能的连接协作提供了技术支持，确定了餐桌、餐椅的颜色与尺寸，与整体餐厅环境的融合度。

在未来，物联网功能将得到普及，消费者可以在网上进行海量商品的浏览，以及虚拟使用，节省了挑选商品的时间。商家也可以通过物联网进行商品的动态展示，实现跨区域宣传与销售。

综上所述，5G 满足了消费者和商家各方面的需求，消费者减少了挑选商品的时间，也以更精准的购物模式提升了消费者的消费体验。同时，5G 在购物中的应用也为商家的销售提供了便利，不仅增加了其销量，还避免了商家不必要的损失。

9.4.5 完善会员体系，服务更周到

消费者的黏性与商家的发展成正相关，会员体系是商家与消费者建立关联的重要途径。做好会员管理，提高消费者黏性，是商家运营的重要组成部分。

传统会员管理存在转化率低、流失率高的弊端。在消费者的收入水平与消费模式日益增多的今天，如果会员活动还停留在消费折扣、积分换购的层面，难以吸引消费者的目光。另外，会员体系过于繁杂，各品牌会员权益无法互通，也会大大降低消费者的会员体验。

那么新零售模式下的会员体系是怎样的？在新零售模式下，会员制度会更加完善。

入会、积分、淘汰制度和会员等级的完善是会员体系良好运行的基础。以会员等级而言，不同等级的会员有不同的权益，以更高的权益吸引消费者会员升级。而淘汰规则则能够通过清理死卡消费者，优化会员质量。

新零售场景下的会员体系也将和传统会员体系明显不同，最主要的区别在于传统会员的优惠范围受限，仅限于某品牌之内。

例如，消费者开通了爱奇艺的会员，只能享受爱奇艺上的 VIP 视频和免广告、超高清

等优惠。但是新零售的会员体系和这类单一范围内的会员体系不同，成为会员后，消费者可享受范围更大的优惠服务。

例如，2018 年 8 月 8 日，阿里巴巴推出的“88VIP”就是典型的新零售模式的会员体系。

会员优惠涵盖的范围将不再只局限于淘宝，而是几乎涵盖了整个购物、娱乐、餐饮行业，是“一体化”的会员模式。

而这些会员通过新零售模式下的会员体系，增加对阿里平台的认同感、归属感。会员不会再为一个个会员的开通、续费而烦恼，只要拥有“88VIP”会员卡，日常生活中经常使用的就餐、看视频、听音乐等场景就能够互通，省去了诸多麻烦，体验也更加流畅。

总之，在新零售模式下的会员体系将会更加完善，其打破了各品牌之间的壁垒，实现了互通，可以给消费者带来更加优质的消费体验。

9.5　5G 场景下的新零售应用

新零售的概念是马云提出的，他认为在未来，纯电商会逐渐消失，市场将迎来线上与线下结合的新零售模式。而 5G 运用于新零售领域，可开创新的营销模式，提升人们的生活质量。

9.5.1　苏宁：多业态满足用户需求

2019 年 2 月，苏宁易购董事长张近东宣布，苏宁收购了万达百货下属 37 家百货门店，打造线上线下相结合的全场景式百货零售业态，这是苏宁在零售变革中寻求转型的一次尝试。

苏宁将引领万达百货的数字化变革，用大数据、人工智能等技术，提升其服务体验。

近几年，苏宁不断创新，致力于打造全场景的零售生活体验，推出了“苏宁极物”、“苏宁小店”、“苏宁零售云”等新的零售场景。截至 2018 年 12 月，在智慧零售大开发战略的推进下，苏宁累计新开店面约 7 000 家。对苏宁来说，收购万达百货是其打造全场景零售的最新案例。

苏宁将通过其智慧零售能力，突破传统百货概念，在数字化和体验方面打造全新供应链，打造百货核心竞争力，进一步完善全场景布局。

新零售的发展带动企业的变革，使其融入新的渠道，力求为消费者提供更好的消费体验。线上与线下的结合成为企业发展的新起点，必将成为企业未来发展的潮流。

9.5.2 京东：强大物流实现无界零售

2017 年是阿里新零售的元年，也是京东无界零售的元年。所谓无界零售，就是指用各种手段全面提高企业的运营效率。

零售的本质是：人+货+场，在无界零售的变革中，它们反映了京东无界零售的布局。京东无界零售的布局如图 9-5 所示。

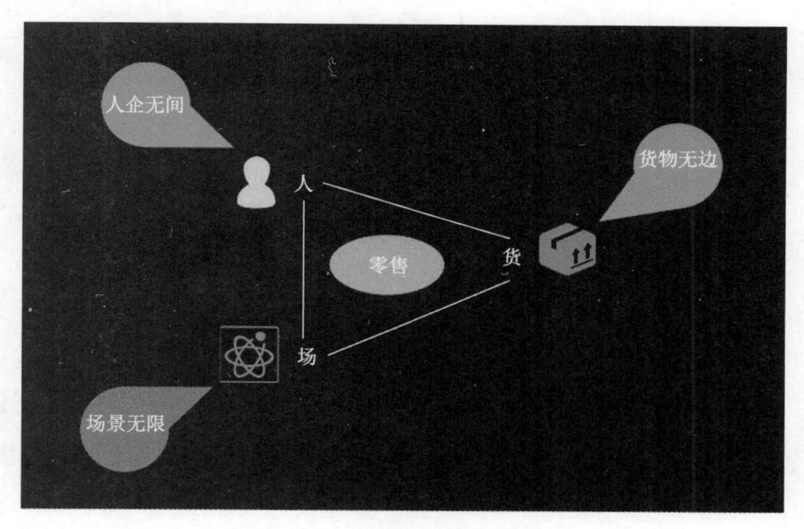

图 9–5　京东无界零售的布局

1. 场景无限

场景无限有两个含义，一是空间无限，零售场景无处不在；二是时间无限，零售场景无时不有。

（1）空间无限

生活场景与零售场景之间没有界限，公司、厨房等任何地方都可以发起购物。京东的百万便利店计划、叮咚音箱等都是对无限空间的探索。

（2）时间无限

以往的零售业态对时间有明确的要求。在未来，无界零售会打破购物的时间限制，消费者在任何时间都可以进行购物。京东的“京X计划”正是对此方面的探索。

2. 货物无边

传统的零售关注的是如何将商品卖出，而在未来的销售中，商品、数据、服务等彼此渗透。卖出商品会增加消费者的新需求，这是无界零售的真正价值。

3. 人企无间

人企无间指消费者会参与到产品的设计、制造、销售、售后等价值链中，也能使企业更有温度，同消费者建立更好的信任关系。

既然无界零售通过打破场景、货物、人企的界线来提高效率，那么如何打破界线?

首先是场景连通，打破界限主要由场景连通来实现，这是实现无界零售的前提，通过定位、消息推送、人脸识别等建立不同场景之间的衔接。通过线上与线下的结合使不同场景功能互补，形成合力，将原本散落的各个场景打通。

其次是数据贯通，将各场景的数据进行总结分析，提升各场景的效率。

最后是价值互通，指将不同场景下的消费者关系和资产相结合，例如，整合会员体系，使消费者在不同场景下享受到同等的权益。

7FRESH是京东“无界零售”的典型代表，它是超市、饭店，以及商品线下体验店，是线下零售店的升级演化，很好地践行了人企无间。比如，利用区块链溯源保障商品品质，消费者可以查看商品的产品特色、产地等信息。

无界零售不仅是零售业商业模式的演化，更会有高科技的融入。它是消费者消费理念的转变和技术的发展所驱动的，将带来零售业基础设施的升级。

9.5.3 短视频商业时代

新零售可以实现数据化运营，而新零售的数据化运营也将极大影响短视频的发展。

新零售的数据银行能够给视频内容运营提供支持。阿里有经国际认证的专业的数据银行，在数据银行中，阿里的全部数据可以一起发生反应，转化为商业价值。在金融场景或服务于商家、消费者等方面，都会产生巨大的价值。

在短视频运营初期，数据可以指导短视频的内容定位和商品选择等。可以通过播放量、点赞量、退出率、用户来源等数据分析用户的喜好、受欢迎的视频有什么特点等。

例如：如果用户看到视频后 60%单击进入了商品页面，说明用户对该商品认可度很高。但如果成交转化率很低，那可能是店铺页面出了问题。而如果被点击的商品没有产生转化，而店铺的其他商品转化良好，这就说明是商品出了问题。

这时分析收集的数据可以得到一些共性特点，下一个视频可以根据这些共性特点来优化内容策划、拍摄等问题。经过有针对性的改进后，短视频的风格定位、拍摄方式、选品类型等都会越来越清晰。

在短视频运营中期，内容发布相对稳定、数据采集也渐成规模，这时，新零售的数据银行一方面可以帮助短视频团队分析确定未来发展的重点，另一方面可以弥补短视频团队的电商基因短板。

如何经营粉丝社群、提升服务内容是内容运营思考的重点。从新零售角度来看，短视频运营就是电商的粉丝经济。网红店之所以销量多就是因其众多粉丝的支持。

而老客户维护的好的店铺，新品的销售也不是难题，新品卖得好的店铺，很多都是因为老客户维护得好，而维护老客户的成本比开发新客户更低。当视频团队有好的商品，又注重对粉丝的维护，那么对于发展新零售也是十分有利的。

结合新零售做好短视频需要具备以下能力：粉丝或会员运营能力、供应链完善、品类精通、强运营能力、流量运营、把流量转化为粉丝能力。

做好新零售时代的短视频需要用明确、独特的内容去吸引目标消费者，再通过电商实现变现。因为消费者和商品之间的匹配程度很高，在商品转化率方面将具有十分明显的优势。

第10章 5G+智慧医疗，实现高效便捷

5G在医疗行业的应用也会给医疗行业带来巨大改变。5G应用到医疗中后，患者可以使用电子病历，医疗数据共享可以使患者的病情得到治疗，使医疗效率更高。看病新方式的不断出现可以使看病方式更加智能，远程医疗的出现使看病更加便捷。这些都可以在5G网络的环境下得以实现，5G在医疗行业的应用将重塑医疗新体验。

10.1 5G整合资源：医疗效率更高

以5G为依托，可实现数据的共享，患者可以在线访问医疗数据库，大数据系统还可以通过智能感知，推荐合适的治疗方案。5G支持下的大数据可以实现医疗数据、资源的整合，提升医疗效率。

10.1.1 共享医疗终端和数据

在5G应用到医疗中后，医疗数据必然会走向共享和开放，给患者的就医、医院的医疗和医学研究等带来便利。

在医疗信息数据共享的背景下，医疗信息数据共享建设必然将打破传统的数据独立存

在的局面。医疗数据的共享、开放才是当下发展的必然趋势。因此，健康医疗大数据将会是日益流动的趋势，在流动中发挥数据的价值。

在数据共享的过程中，数据是否真实、可信？能否有利于医疗效率的提高？这对卫生医疗机构和主管部门是非常重要的，这也是健康医疗大数据共享的关注点与核心。在医疗信息数据互连共享的时代，更加需要加强数据保护措施，让数据可以更好地提高医疗效率。

如何实现历史医疗信息的数据共享？依托 5G 而产生的电子病历就可以很好地解决了这一问题。当前使用的常规病历具有封闭性，而电子病历的最大特点就是共享性。电子病历可以通过高速运转的网络，使异地查阅、会诊、数据库资料共享成为可能。

在传统的就医模式中，患者的病历只保存在本医院，若患者到其他医院就医就需要重新检查，这不仅造成医疗资源的浪费，患者也浪费了时间，忍受了不必要的痛苦。而电子病历可以很好地避免这些问题，患者在各个医院的就医情况可以通过电子病历来传输，给医疗带来极大方便。

电子病历可以实现历史医疗信息数据的共享，这有效地简化了患者看病的流程，提升了医院的服务水平，患者也得到了更优质的看病体验。

而 5G 之下的医疗数据系统打破了不同医院、不同地区之间的壁垒，这也极大地推动了医学的进步。在医疗数据共享的情况下，医学研究也有了更多医疗数据的支撑，加快了医学研究发展的步伐。

10.1.2 患者在线访问医疗数据库

5G 和大数据的结合推动了云计算的发展，医疗信息系统的不断完善，大数据中心的建立使得患者可以在线访问医疗数据库。

通过对患者的应用程序处理方式的不断改变，患者的数据通过集中存储，才可以将医院里存储的数据转变为数据中心，医生也会同时转型，医生将会成为医疗数据专家。这样，患者就可以在线访问医疗数据库，从中寻求经验，以便更好地配合医生的治疗。

5G 提供的优质的网络是医疗数据库建立并得以成功运行的基础，5G 网络的高速率、大宽带、低时延保证了医疗数据库内数据可以高速传输，并且数据库的建立保证了数据传输的安全性。

医疗数据库的建立为患者提供了诸多方便。一方面，患者可以通过在线访问医疗数据库中电子病历的信息，了解就医治疗的流程；另一方面，患者可以根据医嘱和其他患者分享的经验来增加自身对病情的认知，有效地规避部分患者思想上存在的误区，其中的众多经验也为患者以后的治疗提供了帮助。

医疗数据库的建立同时为患者提供了电子病历的共享平台，患者通过访问医疗数据库，可获得关于病情与治疗的准确信息，可以使患者更好地配合医生治疗，提高了医疗效率。

10.1.3 智能感知，推荐适合的治疗方案

5G在医疗领域的应用将会推动智能医疗设备的发展，并实现信息的实时接收，对患者的就医提供了更加便利的就医方式。

远程医疗传感器就是智慧医疗设备的代表，患者在家中佩戴传感器，就可以将数据传递给医生，通过接收到的这些数据，医生将会分析患者的病情，并制定出相应的治疗方案。这种治疗方式简化了患者的就医流程，使患者和医生之间的交流更加简单、有效。

除了实时、有效地传递信息，5G与人工智能的结合也使得人工智能辅助诊断成为可能。

人工智能系统拥有强大的认知功能，通过大量医学文献的阅读，可以帮助医生分析数据，找出合理的治疗方案。人工智能辅助诊断具有高效率、高精准性。目前，许多互联网巨头也纷纷开展了人工智能的辅助诊断研发。

Google就是一个典型的案例。2017年5月中旬，Google成功地将自主研发的机器学习技术应用到了医疗行业。借助这项技术，Google团队能够从数以万计的患者身上获取相关的数据。同时，Google设置有名为“人工智能-first”的数据中心，数据中心有着强大的数据处理能力。

在数据中心，Google可以高效处理海量的病患数据。通过精确的智能分析，可以辅助医生发现病因。目前，借助深度学习算法，Google团队在糖尿病性视网膜病变的诊断上能够具有超过90%的精确性。

在人工智能辅助诊断方面，最典型的小企业就是Buoy Health。Buoy Health有一项很成功的应用，既帮助了医生，为医生提供了更多的辅助资料，又帮助了患者，让患者能够以最快的速度了解自己的症状，并以最适宜的方式解决自己的问题。

Buoy Health推出了医学引擎，借助搜索引擎，医生能够在Buoy的数据库中查到大量的临床文献和病情，还可以参考众多患者的样本数据。

对于患者来讲，借助 Buoy 数据库的筛选机制，他们能够在细分病症数据中，迅速找到自己的病症。之后，患者可以在数据库中找到治疗病症的有效方法，或者从数据库中了解到与此疾病相关的并发症问题，以及其他相关问题。这样既能够帮助患者解决问题，还能够提高患者的医学知识，对患者的身心健康是极其有利的。

在未来的智慧医疗中，智能辅助医疗将会大力发展。科研机构应该与医院更加紧密地联合，从而研发出更加智能的人工智能系统，并更好地辅助医生进行诊断，更好地为患者服务。

10.2 看病“新”方式

5G 在医疗行业的应用，使患者拥有了看病的新方式，患者足不出户就可以接受更优质的医疗服务，看病新方式的出现让患者的就医更加便利。

10.2.1 精准预约，“一站搞定”

5G 在医疗领域的应用可彻底打破“马拉松”式看病，5G 时代将在就医方面给患者带来哪些新奇的体验？

2019 年 3 月 16 日，身处海南的专家利用 5G 网络实时传输的高清视频，进行远程手术，成功地为身处北京的一位患者完成了手术。5G 时代的到来使得远程手术成为现实。

5G 在医疗行业应用之后，医生不仅可以在线远程进行手术，还可以建设一条快速的急救通道。心脑血管疾病的发病率最高，发病的几秒时间可能还会关系到患者生命的安危。医护人员在接收患者后，将患者的发病情况、身体的实际情况准确上传，医生根据这些情况制定适合患者的急救治疗方法，准备好抢救的医疗设备。

在未来，“马拉松”式看病将不复存在，患者的预约时间将被大大缩短，问诊、检查、治疗、开药、交费等将“一站搞定”。在遵循医疗规范要求的前提下，一些慢性病可以通过 5G 搭建的平台进行远程治疗，足不出户便可进行下一步的治疗或者续药等。医生开的药可以送货上门，也可以自己去取，这就真正方便了看病就医，实现了“一站搞定”。

5G 在医疗领域的应用中，将体现出其与大数据等结合的优势，智慧医疗也会成为现实，到那时，“一站搞定”的快捷看病新方式会惠及更多的地区，惠及更多的患者。

10.2.2 远程医疗，提供虚拟护理服务

护士的作用不亚于医生，在患者住院后期，更离不开护士的精心照护。随着人口老龄化问题的日益严重，越来越多的老年患者出现在病房中。老年患者在大手术后，必须进行更加细心的照料，这就需要更多优秀的护士。

如今，护士短缺的问题影响了医院里患者的看护，护士短缺体现在两个方面，一是护士人手不足，特别是急诊护士严重不足，需要填充；另外，一些专业型的护士也面临着严重不足的状况，例如，现在普遍缺乏专业的眼科、耳鼻喉科及整形科护士。在这样的情况下，就需要提供虚拟的护理服务。

5G在医疗行业的应用就能够有效解决这一问题。在5G支持下的虚拟护理，借助大数据，以及云计算技术，能够高效地收集患者的各类生活习惯信息。例如，患者的饮食状况、锻炼状况，以及服药习惯等。收集到各类信息后，虚拟护理能够迅速分析、评估患者的整体健康状况，之后，会用智能化的手段协助患者有效进行一系列康复活动。

目前，虚拟护理的3个典型案例如图10-1所示。

图 10-1 虚拟护理的3个典型案例

1. 虚拟护理平台

虚拟护理平台集成了多项技术，紧跟时代，为更多的患者服务。例如，医疗传感技术、远程医疗技术、智能语音识别技术，以及AR医疗技术等。这些高科技都能为患者提供更好的医疗服务。

最有趣的是，Sense.ly企业推出了一款名为Molly的虚拟护士。Molly虚拟护士类似于iPhone 的 Siri。通过与患者的对话，有效地采集患者的各种健康信息。信息采集完毕后，Molly会在第一时间将这些信息传达给IBM企业。

IBM Watson系统借助深度学习技术，能够有效地解读这些信息。信息解读后，Molly会把相对的治疗方案第一时间告诉患者，提高患者的就医效率。

Molly 智能系统可以安装在智能手机、智能平板和 PC 端，这样患者就能够在第一时间与 Molly 展开深度交流。如果 IBM Watson 系统认为 Molly 提供的信息不够充分，虚拟护理平台则会智能安排医生，让专业的医生与患者通过远程视频的方式进行交流。这样患者也能够在第一时间得到最佳的诊疗方案。

借助传感器功能，只需连接患者的四肢，就能够智能获取患者更完备的健康数据，从而为患者提供更个性化的健康护理方案。

虚拟护理的投入使用可以在一定程度上缓解医院护士缺少的问题，也为在线患者提供了更多的服务，解决了更多的问题。

2. 虚拟培训系统

虚拟培训系统是虚拟护理的另一个典型应用。虚拟培训系统的核心技术是 VR 技术，目的在于借助 VR 技术降低护士护理培训的成本。

护士是专业的护理人员，不仅需要有优秀的品质，还需要有专业的处理问题的能力和超高的工作效率。优秀的护士需要医院付出高昂的培训成本。为了进一步降低护士的培训成本，提高护士的工作效率，就必须借助 VR 技术，打造虚拟培训系统。通过虚拟培训系统可以准确地对医护人员进行针对性的训练，有利于提升医护人员的医护水平。

3. 虚拟助理

虚拟助理是虚拟护士的第三个典型应用。Next IT 企业开发了一款名为 AlmeHealthCoach 的虚拟助理。它通过搜集患者行动数据，能够综合评估他们的病情，提供更为个性化的健康管理方案。这样病患足不出户就能够了解到更多解决病情的措施。

总而言之，虚拟护理服务的产生是 5G 与众多科技相互结合的结果，它不仅缓解了当代医疗中护士短缺的问题，还通过智能化的操作为患者带来更好的体验，使患者足不出户就可以体验到专业、周到的护理。

10.2.3 5G 服务型中医机器人

服务型中医机器人是近年来发展起来的新方向，一些医院的机器人成为患者的向导，并提供智能导诊服务。随着智慧医疗不断发展，智能中医机器人也随之产生。

中医机器人的诞生离不开 IBM Watson 强大的辅助诊断能力，离不开背后强大的软件系统和硬件系统的支持。一方面，IBM Watson的硬件系统功能强大，IBM Power750服务器有着超强的计算力，能够使IBM Watson达到每秒处理500GB医疗数据的能力。

同时，IBM Watson利用Apache Hadoop框架和Apache UIMA框架进行分布式计算，有效提升了自身的数据理解力。此外，借助IBM Deep QA软件和智能操作系统，它的深度学习能力会更强。借助以上硬软件系统的支持，IBM Watson系统就具备了“理解+推理+学习”这三项智能。这样，它就能够又好、又快地辅助医生进行各项医疗诊断。

而IBM Watson系统的引入推动了中医机器人的研发。中医机器人是一款服务型的医疗机器人，它能够帮助患者进行诊疗。

中医机器人结合了中西医的精华，能够在总结了上千年的中医理论和大量的临床经验的前提下，利用传感器、人工智能、大数据等技术研发了医学检测数据和医疗影像的识别技术，使得该机器人可以建立中西医数据库，通过“望、闻、问、切”的方法，来给患者诊断病情和开出药物，以及开出调理方法。

中医机器人可以通过“望、闻、问、切”的方法，给患者把脉，可以得出看病结果和治疗方法。中医机器人在进行诊疗时，需要患者手面朝上，将手腕按压在机器人手上，电脑系统将会通过识别把患者的经络线路图呈现在一个大屏幕上面，在很短的时间内就可以完成诊断过程。诊断完成后，机器人会针对患者的疾病开出正确的药方，让患者可以在治疗下早日康复。

机器人在医疗方面的布局和发展，将会进一步拓宽机器人在医疗上的应用，为患者提供更多、更好的医疗解决方案，让人们的生活更加健康。

10.3 5G助力智慧医疗

在5G的助力下，智慧医疗不断发展，将给未来的医疗发展带来无限可能。在5G支持下，远程医疗、医疗器械联动、全电子化流程都可能实现。

10.3.1 5G远程医疗

远程医疗涵盖了多个远程的服务内容，5G下的远程医疗具有速度快、低时延的特点，可以让医生在进行远程时更加顺畅地联系，更加准确地进行确诊和治疗。

远程医疗的出现打破了时间和空间的限制，患者身处异地，只要有终端设备，以及患者的身体特征的数据，医生就可以根据患者的数据讨论患者的病情，并进行合理化的诊断，并且在诊断也不会有时间的限制。

对于那些需要急救的患者，远程医疗可以让救治更加及时，传递的信息更加准确。

以前进行远程急救的时候，医生看到的画面很有可能是在前一秒就已经发生的事情，等到收到信息在传回去，很可能会耽误患者的救治。而在 5G 网络的支持下，既可以使传输的画面更加高清，又可以进行实时的交流，保证远程急救的及时精准。

远程医疗可以帮助患者接受医疗后进行康复的治疗。尤其是对于那些治疗后不方便出行的患者，在后期的康复治疗中，进行远程健康的监控，有助于患者以后的身体保持健康。

远程医疗在一定程度上可以及时地解决患者的医疗治疗问题，满足了医疗的时效性和高效性特点，基于实时的语音、图像和视频等技术，可以让医生的诊断更加准确，更加及时。

10.3.2 5G 医疗器械联动

在医疗工作流程中，医生需要借助医疗器械来对患者的病情进行诊断，如 X 光机、各类检测仪器、诊断仪器等。很多医疗器械都是独立运行的，无法实现联动。

5G 应用于医疗行业之后，医疗器械也会向着智慧化方向发展，实现医疗器械之间的联动，推动医疗的信息化发展。

5G 联动医疗器械现在已有成功应用的案例。2019 年 6 月 17 日，四川宜宾市发生 6.0 级地震，随后，四川省人民医院启用 5G 应急救援系统，迅速对伤员进行救治。

在此次救援行动中，各医疗器械的联动起到了重要的作用。工作人员利用全国首辆 5G 急救车，顺利开展了 5G 支持下的实时视频会诊，保证了救援的效率。这是全球首个将 5G 应用到灾难医学救援中的案例。

5G 应急救援系统通过 5G 与医疗器械的结合，更高效地打通了信息间的壁垒，在 5G 急救车上搭配人工智能、AR、VR 等技术，实现了各医疗器械之间的联动。

在此次救援行动中，通过各医疗器械之间的联动，救护人员能够迅速完成验血、心电图等一系列检查，并利用 5G 网络将医学影像、伤员伤情记录等信息实时传送到医院，实现救援前线和医院的无缝联动，快速制定救治方案，提前进行救治准备，极大地缩短了救治响应时间，为伤员争取更大生机。

未来，5G 在医疗器械的研发中将有更多的应用，可以联动的医疗器械将会被研发出来，并将惠及更多的地区。

10.3.3 5G 全电子化流程

在医疗的就诊过程中，5G 的应用可实现就诊环节的全电子化流程，缩短患者就诊时间，提高患者就诊效率。

当前，全电子化流程就诊已经初步发展，复旦大学附属华山医院就打造了全流程就诊的就诊新模式。

2018 年 5 月，华山医院依托中国电信的支持，建立了“华山医院门诊服务号”，并推出了电子就诊卡，实现了就诊的全电子流程化。

门诊服务号可实现线上预约挂号、支付、报告查询等就诊全流程服务，主要包括以下几个方面。

1. 电子就诊卡

电子就诊卡是虚拟就诊卡，可为患者提供线上挂号、缴费、报告查询等服务，贯穿整个就医流程，其具有办理零成本、永不丢失、便于携带等特点。患者可享受电子流程化的便利，改善就医体验。

电子就诊卡能够降低医院实体卡使用成本，避免重复办卡导致的数据重复。电子就诊卡可线上支付，减少了机具的重复铺设。通过办卡审核身份还可遏制黄牛，避免号源浪费，有利于维护医疗秩序。

2. 线上支付、线下取药

把患者就医缴费方式引导到线上来，解决了传统窗口收费找零的问题，提高了医院的效率。患者线上缴费后，在药房出示二维码，扫码即可取药。

3. 自助预约

医生开单后，对于检查项目，患者不必再去窗口排队，可通过微信公众号预约检查，可在微信公众号中选择检查项目和时间，通过便捷的手段避免了第二次排队。

4. 门诊咨询

利用微信公众号，患者也可实现在线门诊咨询。对于患者咨询的问题，门诊专业医务人员会通过语音或文字回复，并用微信通知患者。

华山医院的全电子流程化就医已有初步的发展，未来在 5G 的普及之下，电子就诊卡将得到全面推广，并且电子就诊卡的覆盖范围也将被扩宽，惠及更多地区。

第 11 章

5G 助力车联网与智能驾驶

随着 5G 商用部署的发展，5G 的应用范围也越来越广阔。在汽车行业，5G 将助力车联网和智能驾驶，引领汽车行业的变革。

11.1 5G 变革汽车行业

5G 会在智慧城市、智能生活的方方面面给人们的生活带来巨大影响，而对于汽车行业来说，5G 的应用也会加速汽车行业的变革。

5G 将变革汽车行业，为汽车行业的发展带来机遇。5G 在汽车行业的应用将使得汽车个性化制造得以实现，助力车载娱乐的发展，甚至汽车会变成用户的“智能管家”。

11.1.1 个性化制造得以实现

当前，客户在购买汽车的时候难免会有遗憾的地方，例如，对汽车总体很满意，但是汽车的配置、车型、颜色等却不能尽如人意。而 5G 对汽车行业的变革之一就是使得汽车的个性化制造得以实现，满足消费者的个性化需求。在未来的汽车工厂里，在 5G 的助力下，可以实现汽车的个性化定制。

PSA 集团对于汽车的个性化制造十分关注，将打造智能制造工厂来实现汽车的个性化制造，客户从下单到提车可一键直达。PSA 集团积极探索未来汽车的生产制造方式，在其概念中，清晰地描绘了客户个性化需求-工厂生产-交付的全过程。

1. 客户制定个性化需求

客户可以在线上提交个性化需求订单，包括汽车的颜色、配置等需求。

2. 客户接受工厂的需求反馈

客户提交订单后，PSA 工厂管理中心会收到订单信息，然后通过分析汽车的生产安排确定交车的期限，并及时将信息通知客户。

3. 工厂进行生产

在客户提交订单的同时，其所需的零部件信息会同时发送给供应商，确保零部件的采购，待零部件送达工厂后，汽车的制造也会立刻开始。

工厂内遍布自动化设备，汽车制造过程中，工作人员只需要操作指挥，不需要亲自制造。在无纸化操作流程中，所有数据都被存储，并实时交换，即使微小的改动也会被实时反馈给机器，以及供应商，确保制造流程的效率和准确性。

在未来智能制造工厂的喷漆房里，客户甚至能够给自己定制的汽车喷上任何想要的颜色。

在汽车制造过程中，组装工具箱由智能机器人拖驶，按线路行进，负责挑拣的智能机器人会依据订单需求拣货入箱。接下来组装工具箱进入主生产线，主生产线控制汽车制造所需要的部件和操作，同时机械臂也在此过程中配合完成汽车的制造。

在汽车完成制造后，工厂还会对汽车进行严格的检验，检验通过后，就会及时通知客户前来提车。

4. 客户提车

在客户收到提车的通知后，只需到指定地点验车和提车，至此汽车的个性化制造订单就已全部完成。

PSA 集团对汽车的个性化制造提出了构想，而随着未来 5G 在汽车行业的深入应用和普及，汽车的个性化制造也终会实现。

11.1.2 车载娱乐更发达

5G 变革汽车行业不仅体现在汽车的制造上，还使得车载娱乐更加发达，给用户带来更好的出行体验，车载娱乐发达的表现如图 11-1 所示。

图 11-1 车载娱乐发达的表现

1. 沟通交流

沟通交流指的就是用户与汽车之间的交流，这是车载娱乐的第一步发展。比如，利用车载语音、手势、全息、车载机器人等与汽车进行交流。虽然，在当前的汽车上，一些功能已有所应用，但还不能实现长时间、无缝隙对话。

而在 5G 的助力下，人与车的交流将更加灵活、顺畅，同时人与人的交流也会更加方便。人与人的视频影像可以投递到车内的车窗、智能表面等位置，让通话更为方便。

2. 超级影院

当超级影院出现在汽车中将会是怎样的体验？在长途旅行中，用户可选择自己想看的电影，使自己的旅途更加舒适，提升了用户体验。

汽车中的超级影院的配置是十分完善的，强大的车载系统可以将车窗变成屏幕，让车内变成一个舒适的观影空间。

3. 车载游戏

除了超级影院，车载游戏也将快速发展，利用 5G 支持下的 VR 或 AR 应用，都可实现虚拟与现实的交互、融合，实现多人社交游戏，为用户旅途增添无限乐趣。

在游戏方面，还包括学习、互动类游戏。在游戏过程中，用户可以结合空调的风速、氛围灯的设计等来营造游戏的气氛，从而带来更真实的游戏体验。这些游戏都可根据用户的需求进行个性化定制，以满足用户对游戏的不同需求。

4. 休闲时光

未来的汽车中可以为用户提供更为舒适的环境，可以小憩、利用 AI 智能助手购物、下棋、健身等，丰富了用户在车内的休闲时光。

未来，自动驾驶的实现将使用户解放双手，车载娱乐将成为丰富用户旅途的有效方法。而车载娱乐的发展，也顺应了未来汽车空间设计，满足了用户的个性化需求。

11.1.3 汽车变身“智能管家”

5G 与 AI 在汽车行业的应用，将推动汽车的智能化发展，在未来，汽车将变成“智能管家”。

2018 年 7 月，百度与现代汽车达成了车联网方面的合作，双方将合作打造搭载小度（百度智能机器人）车载 OS 的车型，推进人工智能在汽车行业的应用，通过技术创新，加速汽车发展的智能化进程。

百度的自动驾驶平台 Apollo 拥有领先的智能驾驶技术，能够提供全方位的系统支持，Apollo 车联网与现代汽车的合作将加速人工智能在汽车中的应用，双方的合作主要体现在以下几个方面。

1. 打造搭载小度车载 OS 的汽车

Apollo 小度车载 OS 是百度 2018 年推出的人工智能车联网系统，开放、多模，极具优势。小度车载 OS 包含液晶仪表盘、流媒体后视镜、大屏智能车机、小度车载机器人等四个方面的组件。

其中，小度车载机器人是具有语音和图像交互系统和智能情感引擎的交互情感化机器人。它具有丰富的表情，并且能够识别用户的语音、手势、表情等。

2. 打造车、家互联的智能化车载体验

Apollo 车、家互联功能可以打通汽车、家庭两个场景，用户在家中发出语音指令就可以对车辆进行远程控制，如检查油耗、封闭车门等，还能查询车辆的出行信息、出行路况等。

3. 共同开发车联网核心技术

双方还将共同开发语音、地图、个性化推荐等车联网核心技术。百度的语音识别技术可以动态识别用户，并实现主动化表达。基于百度海量服务生态，Apollo 车联网能够极大满足用户的服务需求，提升用户的出行体验。

百度与现代汽车的合作展现了未来汽车发展的趋势，5G 与 AI 技术在汽车行业的应用，将加速汽车的智能化发展进程。未来，汽车变身“智能管家”将不再是梦。

11.2　5G 车联网面临的挑战

5G 在汽车行业的应用将推动车联网的发展，技术创新日益发展，新型应用日趋成熟，规模也不断扩大。但是，车联网的发展仍面临着严峻的挑战，主要表现在干扰管理和隐私保护方面。

11.2.1　干扰管理

随着无线通信技术在交通中的应用，产生了无线通信技术和汽车相结合的发展方向，在 5G 的助力之下，无线通信、设施、车辆能够组成一个高效、安全的智能交通系统。

智能交通系统的中心通信网络是 V2X（Vehicle to X），是车与外界的信息交换。V2X 承担着车联网中端到端通信的责任，十分重要。目前，一些欧美国家已经为车联网分配了专用或共享频段，而阻碍车联网发展的主要因素之一就是频段间不同信号的干扰。

由于频谱资源稀缺，车联网系统和另外的无线通信系统会共用相同频段，并且由于通信设备收发机的缺陷，容易出现系统间的相互干扰，影响系统性能。

无线通信系统的传输介质是空气中的电磁波，在传输中会对其他系统产生干扰。因此，

当一个地区部署无线通信系统时，需要研究该系统是否会对已经存在的系统产生干扰。

车联网系统的建设要考虑到和其他系统的干扰问题。其干扰问题主要表现为两类，分别是同频干扰和邻频干扰。

1. 同频干扰

当两个系统共用同一频段时，其中一个系统的接收机会接收这一频段的全部信息，无法区分信息对本系统是否有用，这会引起另一系统的通信质量下降。

2. 邻频干扰

如果两个系统使用的频段是相邻的，理论上不会产生干扰，但由于技术上的缺陷，发射机和接收机不能达到预期的要求，仍会产生信号泄露，这些信号就会成为干扰信号，影响系统的正常运行。

邻频干扰会导致接收机的信噪比降低、灵敏度弱化，当干扰较强时，接收机接收的信号的性能也将被大幅削弱。

总之，车联网发展面临的主要挑战之一就是同频或邻频间信号的干扰问题，信号干扰将极大地影响车联网系统中的信号质量，而对于信号干扰问题的管理就是车联网发展过程中必须要解决的问题之一。

11.2.2 安全通信和隐私保护

当前，5G在汽车中的应用已成趋势，包括互联网接入、存储、传输等各类应用。这一变革，对于用户而言是一把双刃剑。 一方面，车联网为用户的出行提供了便利，但另一方面，智能车辆也面临很多的安全隐私风险。

随着智能汽车的发展，安全隐私威胁的严重程度日益上升，车联网中的安全隐私问题主要表现为以下几个方面。

1. 泄露无线信息

车载设备的蓝牙功能、Wi-Fi接入点、轮胎压力传感器等配件组成了独特的信号，这些信息的泄露可能会导致汽车被跟踪或被攻击，并且这些信息与手机的无线信号相连，那么车里用户的信息也会被泄露。

2. 车载数据记录系统

汽车有车载数据记录系统，它可以记录事故发生前十几秒的数据，记录的数据包括加速、刹车、座椅位置、安全带是否打开等信息。这些信息有利于相关人员清晰地了解事故发生的始末，但是系统存在被攻破的风险，从而导致用户的信息泄露。

3. 信息娱乐与导航系统

车辆的娱乐信息和导航系统中存在两个数据采集系统，记录了用户的出行轨迹、电话连接、联系人列表、使用历史等。这些信息也极易被泄露和攻击，用户也可能因为这些数据的泄露而被跟踪。

4. 汽车远程信息处理系统

汽车远程信息处理系统能够连接到汽车制造商或其他救援机构，通常在事故发生或钥匙锁在车内时，可以提供呼叫帮助。该系统记录这些信息并将其传输到云端存储，而用户无法关闭这方面的数据采集。

5. 车对车（V2V）和车对设施（V2I）通信

V2V 和 V2I 通信支持驾驶辅助系统无线通信的具体应用场景，如防碰撞提醒、自动停车等，在其通信过程中也可能被攻击，导致信息泄露。

最后，如果汽车上装有卫星定位设备，也是非常有风险的。卫星定位设备能够监视汽车的性能，并定位汽车的位置。这类设备缺乏安全措施，很容易受到攻击。

车载设备的持续发展和联网性虽然带来了诸多好处，但安全隐私问题需要被重视。只有解决了车联网的安全通信和隐私保护方面的问题，车联网才会更完善、更快速发展。

11.3 智能驾驶需要 5G

智能驾驶是未来汽车行业发展的趋势，而 5G 为发展智能驾驶提供了必要的技术支持，智能驾驶需要 5G。5G 可实现智能驾驶中实时高清视频的传输，5G 切片技术为智能驾驶提供 QoS 保障，5G 同样也会助力于分布式边缘计算的部署。

11.3.1 5G 实时数据传输

在智能驾驶中，实时数据传输十分重要，它是保障智能驾驶安全性的必要条件。

在智能驾驶中，传感器是实现自动驾驶的重要设备。它主要有三种类型：摄像头、雷达、激光雷达。

1. 摄像头

摄像头有前视、后视及 360° 摄像系统三种。后视、360° 摄像头提供外部环境呈现，前视摄像头用于识别道路情况、交通标志等。

2. 雷达

雷达传感器的功能是无线探测与测距，用于盲点检测、自动泊车、紧急制动、自动距离控制等方面。

3. 激光雷达

激光雷达除激光发射器外，还拥有高灵敏度的接收器，其用于测量静止和移动物的距离，并提供其检测物体的立体图像。

总之，智能驾驶的数据来源主要包括以上三种，而后就是这三种数据的数据融合。

数据融合就是将传感器的全部数据进行合成，实现不同信息的互补性、合作性，从而做出更准确、安全的决策。如摄像头可分辨颜色，但易受天气环境、光线等外部因素的影响，而雷达在测距方面存在优势，两者互补可得出更精确的判断。

交通事故的危害是十分严重的，因此，智能驾驶对技术安全的要求十分苛刻，需要达到接近 100%的安全性。

而 5G 网络低时延、大宽带、高速率的特点实现了数据的实时传输，实时传输的数据大大提高了数据融合系统接收及反馈数据的效率，保证了决策的准确性和安全性。

11.3.2 5G 切片技术提供 QoS 保障

QoS（服务质量）指的是利用各种技术，为指定网络通信提供更优质的服务，是一种安全机制，可以解决网络延迟等问题。

网络切片就是切割成的虚拟的端到端的网络切片，切片都可获得独立的资源，并且各切片间能够相互绝缘。因此，当某一个切片产生故障时，不会影响其他切片的运作。5G 切片网络是把 5G 网络切成虚拟切片的网络，以达到支持更多业务的目的。

网络切片能够让网络运营商自由选择切片的特性，如低延迟、高吞吐、频谱效率、流量容量等，更有针对性的网络切片可以提高服务的效率，提升客户体验。

并且，运营商可放心地进行切片的更改和增加，无须考虑其影响，节省了时间，降低了成本，网络切片大大提高了效益。

例如，自动驾驶的核心技术 V2X 通信，对低延迟要求很高，对吞吐量就没有太大要求，汽车行驶时所播放的视频等需要高吞吐量，并且易受延迟影响，两者都能够通过网络切片上的公共物理网络传送来优化网络的使用。

网络切片可提供稳定的低时延、高速率网络服务，这对安全性要求极高的自动驾驶来说十分关键。比如，当汽车行驶在网络拥堵地区，网络切片依旧可以保证汽车通信的高速率、低时延性能。

11.3.3 使能分布式的边缘计算部署

虽然自动驾驶汽车仍处于开发阶段，但 Google、Uber 等行业巨头正致力于自动驾驶汽车的研发。业界也希望自动驾驶汽车可以避免车祸所造成的人员伤亡和财产损失。

然而，自动驾驶汽车在运行过程中产生了大量的数据，大部分数据都需要和附近的汽车共享。边缘计算设备为信息处理和其他车辆的信息传输方面具有十分明显的优势。它可以让驾驶人员立即收到其他驾驶人员的警告信息。

5G 网络可以达到 20Gb/s 速率，时延低至 1ms，网络的高性能将从汽车的信息共享、车队编队自动化、远程驾驶 3 方面助力智能驾驶的发展。通过服务器计算、核心云、边缘云给智能驾驶汽车提供实时路况、行人信息等交通信息，让智能驾驶迈进了新的发展时代。

边缘处理是十分有必要的，因为感知数据的分析速度受汽车运动的影响，需要及时反馈汽车周围的环境状况。调查表明，一辆自动驾驶汽车行驶 8 小时会产生至少 40TB 的数据，而这些数据必须被及时反馈和处理。

假如在数据传输过程中有强大的网络支持，通过网络传输数据大约需要 150～200ms。这是一个很长的时间，因为汽车正在运转之中，对汽车的控制必须迅速做出决定。

因此，边缘计算对于自动驾驶来说是十分重要的。但这需要有强大的计算处理能力及存储器容量来确保车辆和 AI 能够完成它们的任务。

如果将处理器和内存放在汽车上，将增加汽车的成本，并且在汽车上增加处理器等会改变汽车的构造，同时会使汽车部件更容易发生故障，也会耗费更多电力，增加汽车的质量等。汽车的处理能力有限，掌握的信息也不全面，无法提供正确指令。基于以上种种原因，需要在道路两边部署基站，掌握路段情况，并且实时保持和汽车的通信。

在车辆驶离一个基站的覆盖范围后，进入另一个基站的覆盖范围时需要进行基站切换，并接收新基站的操作指令。而基站之间的数据同步，即边缘云的云边协同，能够汇总汽车在行驶中的所有数据，并传输到中心云上进行行驶行为的智能分析，以此来优化自动驾驶行为。

第12章 智能家居与建筑

5G的发展为万物互联提供了技术支持。在未来，5G将结合大数据和人工智能等技术推动智能家居的发展，给用户带来更加美好的使用体验。

12.1 5G对智能家居的4个影响

5G对智能家居的影响表现在很多方面，5G在智能家居领域的应用可整合智能设备，促进行业发展，广泛增加VoLTE的受众范围，可传输速率的提升给用户带来极致的享受体验，为智能技术的发展提供技术支持。

12.1.1 整合智能设备，促进行业发展

5G不断发展，智能门锁、智能音箱、家用摄像头等智能家居产品纷纷出现，智能家居产品不断创新，5G的发展带动智能家居市场不断扩大，行业间的合作日益密切，智能设备成为家居行业发展的新亮点。

5G将整合智能设备，加速整个智能制造行业的发展，这主要表现在两个方面。

1. 5G 将统一智能家居配置标准

目前智能家居产品已有初步的发展，百度、小米及其他一些科技公司都已在智能家居方面有所尝试，但从智能家居的整个行业发展趋势来看，却难以形成统一的发展规模，其中最大的阻力就是智能家居的网络标准不一致。

相对简单的智能家居可能涉及多个网络标准，不同品牌的智能家居有不同的网络要求，甚至会修改原有的 Wi-Fi，或者自建 Wi-Fi。如果用户家里存在多种品牌的智能家居，那将极大地影响用户的使用体验。

而 5G 的使用可能会统一智能家居的网络标准，打破各品牌间的网络标准的壁垒，将不同的设备组合在一起，这样一来，智能家居的安装将变得更加可靠，扩大了智能家居的使用场景，将有力地推动智能家居行业的发展。

2. 5G 将提高智能家居设备性能

除了解决一些连接方面的麻烦外，5G 还可以提高智能家居设备的性能，这主要体现在 5G 低时延的特点上。

5G 可以有 1 到 2ms 的响应时间，家庭无线网络的响应速度一般会在此基础上下降，但也将会有比目前更快的响应时间，这使智能家居以更加无缝对接的方式触发通知和自动化程序，使其功能更顺畅，给用户带来更好的使用体验。而在智能家庭安防上，更快的反应将更早地发出警报，使用户的生命财产安全更有保障。

5G 在智能家居的应用方面，一方面将建立统一的网络标准，有利于不同品牌的商品在同一个场景下使用，也加速了行业内各企业间的沟通和合作；另一方面也提升了智能家居的性能，给用户带来更好的使用体验。总之，5G 技术在智能家居行业的应用可以整合智能家居的资源，加强行业间的合作，促进行业的发展。

12.1.2 广泛的 VoLTE 受众范围

VoLTE 即 Voice over LTE（LTE 通话），IP 数据传输技术可实现数据和语音的统一，就是用户在使用手机接电话的同时也可以上网，解决了以前只能上网或者只能打电话的单一模式，更加方便了用户的使用。

VoLTE 的研发部署是一项复杂的系统工程，这就要求每个环节都能够良好配合。它包括 EPC 核心网、信令网、CS 核心网、承载网等多个领域的支撑。VoLTE 的研发是运营商网络业务的一次重大改变，在一定程度上也考验了设备商的端到端的能力。

2G、3G 主要是以语音为主，使用电路交换技术来支持电话业务。通俗地说，就是在通话前要在网络中建立一条线路，这条线路在通话结束后会被拆除。在通话过程中，移动流量的上网功能将会被通话所终止。

在 4G 时代，传统的电路技术被分组交换技术所代替。分组交换技术是进行数据输送，在进行语音通话的时候就会进行数据输送，不说话就不进行数据输送，这样就能更高效地利用资源。在这种技术下，语音通话将会更加清晰，通话的连接也更加快速，减少了断线现象的出现。

而在未来，5G VoLTE 高清语音通话将会产生，它不仅能够提升用户间的通话质量，还可在通话时保持数据的传输。在未来智能家居场景中，用户用一台设备就可以实现通话与上网功能的统一，可以为用户带来更加便捷的使用体验，也因 VoLTE 通话与数据传输的统一，在未来，这项技术将有广泛的受众范围，也将推动智能家居的广泛应用。

12.1.3 提升传输速率，享受极致体验

5G 的高传输速率同样体现在智能家居之中，传输速率高才会让用户享受极致体验。在 5G 时代，传输速率会不断被提高，以此来满足用户对家具的极致体验。

在 5G 的网络环境下，其速度将会是 4G 速度的近百倍。当用户想要下载一部超清画质的电影时，如使用 4G 网络，至少需要 6 分钟。而在 5G 网络下，几秒钟的时间就可以完成下载。

这样快的速率是不是很诱人？在 5G 的网络下，无论是娱乐、学习、工作和生活等，都会带给用户不一样的体验，让用户有更加极致的享受。

智能家居最典型的产品非智能音箱莫属了。世界上的第一款智能音箱 Echo 是由亚马逊研发的。亚马逊是“第一个吃螃蟹的人”，首创了智能语音交互系统。而且通过产品的更新迭代，培养了大量的忠实客户，抓住了发展的先机。如今，亚马逊仍旧是智能音箱的领跑者。

Echo 将智能语音交互技术应用到音箱中，使音箱有了人工智能的属性。其语音助手可实现与用户交流，还会根据指令为用户播放音乐、网购下单、叫车、定外卖等。

智能音箱的最大作用在于用户能够通过语音操控它，让它与智能家居产品相互联系。

智能音箱可以接受用户的指令并执行。例如，用户可以让智能音箱开灯、播放音乐、连接电话等，它们都能迅速、优质地帮用户完成任务。

虽然目前智能音箱如雨后春笋般纷纷冒了出来，但其仍存在同质化严重的现象，而且功能也不尽完善，另外还存在一些小瑕疵。例如，当用户让智能音箱打开窗帘时，它可能会出现卡顿现象，影响用户的使用体验。

而5G带来的传输速率的提升则很好地改善了当前智能音箱中存在的反应卡顿的瑕疵，将为用户带来极致的使用体验。

12.1.4 提供强有力的技术支持

5G为智能家居应用范围的延伸提供了技术支持。智能家居指的是“智能生活在家庭的场景”。在生活上，除了家庭之外，还有场景与家庭场景相似，例如，智能旅馆中的智能化客房。

智能化客房指的是客房将各种智能装置、家电与传感器联网，在电灯、电视、窗帘等装置中导入辨识技术，为用户提供更便捷的服务。智能旅馆的智能化服务主要体现在两个方面。

在个性化服务方面，预订旅馆时，用户可以在个人资料中设置房间的温度、亮度等，系统会在用户抵达之前调好。

入住客房后，用户可以用智能音箱控制智能家居、灯光或设定闹钟，还可以自动调节水温或加满水等，在许多场景上都与家庭场景十分相似。

2018年年初，旺旺集团旗下神旺酒店表示，将与阿里巴巴人工智能实验室合作，共同打造人工智能酒店。阿里巴巴在智能酒店从智能音箱天猫精灵入手，提供了以下的服务。

1. 语音控制

用户可通过语音打开房间的窗帘、灯、电视等装置。

2. 客房服务

传统的总机电话服务功能将不复存在，用户可用语音查询酒店信息、周边旅游信息，或者自助点餐等。

3. 聊天陪伴

用户可以与天猫精灵有更多互动，天猫精灵可陪伴用户聊天、讲笑话等。未来天猫精灵还可能增加生活服务串接、商品采购等。而天猫精灵的 AI 语音助理可以将用户在家庭生活与出行住房的体验结合起来，为酒店用户提供更加贴心的服务。

5G 技术将使智能家居向更广范围延伸，在未来，旅店里、车里等与家庭相似的场景中，都会存在智能家居的身影。

12.2 5G 为智能家居带来改变

5G 的出现使智能家居的发展不再是一个孤岛，不同的产品之间可以联系，打破了不同产品之间的隔阂，提升了智能家居行业的发展速度。从信息交换到数据交换，让用户有了更好的使用体验。智能家居的出现也将有助于形成一个巨大的市场。

12.2.1 打破“孤岛现象”

智能家居控制系统是把多个传感器连接起来的，这样才可以实现信息的共享，但在目前智能家居的发展中，不同传感器的互通是制约智能家居行业发展的重要因素，企业间的“孤岛现象”严重。

大多数厂家只是关心自己的产品连接，缺少一个公共行业标准，这就导致了不同品牌产品之间没有相互连接，这样封闭的环境不利于智能家居的发展。

5G 时代到来后，其网络标准的统一可推动传感器标准的统一，可以在一定程度上拉近企业之间的联系，打破各大企业之间的“孤岛现象”，有利于推动智能家居的生产，有利于推动企业之间的融合发展。

依托 5G 网络，各企业可彼此之间进行整合，将自己的产品与其他产品相交互，从而做到不同设备之间的连接，有助于实现不同设备之间的融合，对于智能家居的发展将起到积极的促进作用。

由于品牌与品牌之间存在不同标准，不同品牌的产品无法接入对方的智能平台之中，只有根据自己的大数据才能对自己的设备进行操控。5G 网络为其提供了统一标准，还需要各企业加强各产品之间的联系和交流，最终才能打破这种“孤岛现象”。

智能家居企业间“孤岛现象”的打破，不仅使用户的使用更便捷，更有助于智能产品的生产，拓展生产链，创造更大的价值。

12.2.2 从信息交换到数据交换

一般情况下，智能家居的设备大多都是通过不同方式进行信息的相互交换，这样在一定程度上就会增加设备传输信息的时间，从而影响了用户对于智能家居的使用体验。

当前的智能家居并没有做到独立的人机交互，要想智能家居听从用户指挥，需要网关的转化。网关是一种网间连接器，即作为一种翻译器存在于两种不同的系统之间，使其可以共联。智能音箱也算是一种网关，是人与智能家居设备的网关，连接设备与设备，进行信息交换。

目前，智能家居设备间的互访通常采用 TCP 协议（传输控制协议），而 TCP 协议访问速度比人的神经反应速度稍慢。所以就会产生这种现象，当用户指示智能音箱打开饮水机时，它的速度还没有用户自己动手快。这是因为 TCP 协议需要经过 3 次触碰才能建立连接，信息传输速度并不高。

而 5G 应用到智能家居以后，其高速率、大宽带、低时延的优势使更多的智能家居设备可以相互关联，设备与设备之间的信息传输也变为设备与设备、设备与用户之间的各方面数据的传输。

5G 的发展可以使家居的智能化程度不断加深，设备之间可以联系更加紧密，数据交换更加及时，更有利于提高控制系统的智慧化程度。而在提高控制系统的智慧化程度方面，需要 5G 与其他先进技术的结合，主要表现在以下几个方面。

1. 云计算

智能家居具有设备网络化、信息化、自动化及全方位交互的功能，将产生大量的数据。而云计算赋予家居超强的学习能力及适应能力，能够及时对数据进行有效的分析，并将最佳结果在智能设备上体现，提升家居的智慧化程度。

2. 人工智能

5G 与人工智能的结合将推动人工智能的发展，人工智能的语音识别、图像识别等技术将成为智能家居的标配。在未来，智能家居可将数据通过人工智能设备反馈给用户，甚至人工智能会自动判断用户当前状态，并提供相应的服务。

3. 虚拟现实

虚拟现实是依托 5G 而发展的，虚拟现实可以模拟产生虚拟世界，使用户身临其境般感受到视觉、听觉、触觉方面的美妙体验。在未来，用户可以通过 VR 设备，真实感受智能家居的不同应用场景，可以根据用户的生活习惯享受智能家居带来的个性化服务，使用户的体验感大大提高。

4. 增强现实

增强现实的 AR 虚拟场景也会使智能家居更加智慧化，日本村田制作所就曾演示过微型传感器的交互技术所提供的 AR 智能设备控制智能家居方案，用户通过 AR 眼镜，将视线对准想要控制的智能设备，待光标定位成功后，就可以控制智能设备的使用功能。

5. 传感器

传感器可实现“感知+控制”，多种传感器技术被广泛应用于智能家居中，以提高其准确性和效率。而智能家居=感知+控制，传感器就像智能家居的神经，可以实时收集数据，并反馈到人工智能系统，按人类的逻辑执行，实现“感知+思考+执行”。

6. 情绪识别

情绪识别采集设备可以进行表情识别，智能家居据此可以实现对用户的情感感知，并做出反应，情绪识别也使得智能家居控制系统更加智慧化。

云计算、人工智能、虚拟现实、增强现实、传感器、情绪识别等功能的实现都将提高智能家居的系统智慧化程度，而未来这些功能的实现都需要 5G 网络的支持。

5G 的高性能网络可以实现智能家居间众多数据的交换，智能家居的“感知”也会更精确、更迅速，给用户带来更好的使用体验。

12.2.3 提升用户体验

随着信息技术网络的不断发展，用户对于智能生活要求也越来越高。在消费水平和消费要求的推动下，智能家居也加快了前进的脚步。

在5G时代，智能家居将会因5G与物联网及人工智能的结合而变得更加智能，给用户带来更好的使用体验，智能家居提升用户体验的表现如图12-1所示。

图12-1 智能家居提升用户体验的表现

1. 交互式体验

在智能家居场景中，用户可更加便捷地与智能家居进行互动，可以通过语音、触控、面部识别等多种方式与智能家居进行互动。智能家居可快速地回应用户的各种指令，为其拨出电话、播放音乐或陪伴聊天等。

2. 感知式体验

在未来的智能家居场景中，会为用户提供更好的感知式体验，人来灯亮、人走灯灭，定时开窗通风，自动调节室内空气质量，自动调节室内温湿度等，以用户为中心的感知功能将会越来越多。

3. 安全性体验

安全性体验是最重要的一环，入侵防盗报警、火灾报警、煤气泄漏报警等装置将全方位保障用户的家庭安全，为用户实时提供家庭的安全状态。

4. 系统稳定性强

虽然智能家居安装方便，使用起来十分灵活，但是当前智能家居的信息传输问题是影响其发展的一大痛点，导致了反应慢、系统稳定性差等问题。

而随着 5G 在智能家居领域的应用，其提供的高速率、低时延的网络很好地解决了信息传输的问题，使智能家居系统的稳定性大大增强。其帮助智能家居突破发展瓶颈，增加了用户的良好体验。

总之，5G 在智能家居领域的应用，不仅使得智能家居的使用更便捷、高效，更加安全，还增加了当前所没有的体验方式，从便捷性、安全性、新奇性等方面提升了用户的使用体验。

12.3 5G 与建筑的奇妙化学反应

在未来 5G 的发展中，5G 与建筑也有着千丝万缕的联系，“智慧工地”应运而生。“智慧工地”远程监控与建筑工地的对接，实现了建筑工地的智能化建筑管理。智能化建筑管理模式有助于推动传统建筑业的转型升级，可以让施工变得更加安全，也可以让运维体系更加标准化。

12.3.1 更加弹性、自动化的设计与建设

5G 在建筑领域的应用使得建筑行业在建设上更加有弹性，这种弹性首先表现在更加自动化的设计上。

在未来，人们的办公将变得更加智能，公司不再需要宽广的楼层面积来放置各种传统的办公器械，工作人员通过智能化的办公桌，甚至是在家就可完成自己的工作，这对未来的建筑设计也提出了更高的要求。

5G 可以让物联网变成控制网络，建筑内的设备将会更加精简，更加智能。企业可以按桌子租赁，而不是按房屋、楼层租赁。无线办公减少了基础设施的损耗，因此，在建筑时可以根据不同的需要更灵活地设计建筑。

在建筑建设上，也极大地体现了建筑建设过程中的自动化。

在很多建筑活动中，智能机器人将取代人工进行建设活动，可以对一些控制部件进行组装，并可以依据指令运输建筑材料。将这些重复性劳动转移到智能机器人身上，工作人员只需要根据需要来操控智能机器人施工。

其自动化还表现在，一些智能机器人可以在无工作人员参与的情况下，自动地在工地

上完成施工任务。

自动化的建设过程不仅解放了大量人力，还保障了建筑施工中的安全性。在建筑工地施工对于工作人员来说存在一定风险，但是当用自动化的智能机器人来代替工作人员施工时，就有效地保障了工作人员的安全性。

自动化的建设过程还提高了施工的准确度和速度，可为企业带来更高的效益。在 5G 对自动化建设的助力下，建筑行业将会进入崭新的时代。

12.3.2 施工变得全程可视，易于管理

“智慧工地”让施工场的环境更加清洁，而智能化的管理系统可使施工变得全程可视，易于管理。

进入建筑工地的大门，首先就是考勤，这样项目的管理人员可以对到岗情况一目了然。为了有效防止违规操作，工作人员必须经过智能的人脸识别，只有通过身份验证以后，工作人员才可以进入工地，进行工作。

高清监控摄像能够清晰地看到工作人员及智能机器人的实时工作视频，可帮助管理人员更准确地分析工作人员及智能机器人的工作情况。如果监控系统发现工作人员有疲劳、瞌睡等异常现象，就会立即预警，防止因为疲劳等发生事故。

同时，预警联动设备的使用可以在环境不达标的条件下自行进行报警。这些设备对工地的环境数据进行远程监控，并且将会对环境监测部门的数据进行实时自动统计分析。如果监测到的数据超过预警值，就会自动报警，并自动启动工地现场所布置的除尘设备，减少环境污染。

5G 也可以运用到建筑的预设场地，通过智慧测量，使工程材料实现实时测量、全景测量等管理功能；在工地安装超视野摄像机，可以让管理人员及工作人员了解现场的工作情况，了解安全防护设施是否做到位，防止出现安全隐患。

智能化的管理系统依托实时监控、全景摄像机等先进技术，将传统视频监控与 5G 相结合，从而使施工现场的建筑建设更加精准，在保证安全施工的前提下保证建筑质量，确保建筑工作精准完善。

12.3.3 越来越标准的运维体系

5G 在建筑行业的应用加速了建筑运维平台的部署，将形成越来越标准的运维体系。

5G时代，智能建筑运维平台将通过标准的运维体系来保证各终端的数据安全。在部署终端时，需考虑用户与数据的机密性保护，保证数据的安全存储及处理。移动终端的部署方面，需支持安全算法和协议，能够实现低功耗并带来良好的使用体验。数据传输方面需使用加密封装、数字水印等技术保证数据的安全。

同时，管理终端的安全也十分重要，不但需从硬件层、系统层、应用层等层面考虑相应的安全防范措施，也可以借用网络提供网络安全支持，包括数据加密、数据存储等。

在运维平台自身安全方面，要在密码算法、5G认证协议、数据封装、加密传输、入侵检测等方面进行全面的部署。

建筑运维平台的部署将形成越来越标准的运维体系，在其标准的运维体系下，可构建智能建筑运维专网，为业务的保护、敏感信息的存储与访问、用户隐私保护等提供保障。

标准的运维体系也可满足建筑智能管理的安全需求，数据可通过服务接口进入网络切片中。每个切片与其他切片资源相互隔离，同时，高强度网络安全保护也可有效防范来自外部的攻击。

第 13 章

5G 支持娱乐产业，实现全新娱乐体验

5G 引起了各行各业深刻的变革，而 5G 进入到娱乐产业后，其同样会打造全新的娱乐体验。

5G 带来了新的商业模式及更加真实的沉浸式互动体验，游戏、音乐、AR 和 VR 等娱乐产业都将发生深刻变革，给用户带来更加真实的体验，5G 将给用户的娱乐方式增加新的维度。

13.1 娱乐产业未来 3 大趋势

5G 与娱乐产业的融合，对娱乐产业产生了深刻的影响，这种影响表现在媒体产业营收、媒体交互方式，以及广告市场等多个方面。

13.1.1 引爆媒体产业营收

5G 为娱乐产业带来的最直观的转变就是为其创造了营收，引爆媒体产业营收也是 5G 进入娱乐产业后，娱乐产业未来最直观的发展趋势之一。

5G 引爆媒体产业营收是建立在由 5G 带来的媒体产业规模扩展的基础之上的，5G 在

媒体产业的引入为媒体产业的发展提供了更加广阔的发展空间，同时，5G 的应用也推动了媒体产业发展的脚步。在这种形势下，媒体产业的规模不断扩大，媒体产业的发展也更加成熟。

英特尔 2018 年发布的《5G 娱乐报告经济学报》预测，2019—2028 年，全球媒体及娱乐产业将通过 5G 获得 1.3 万亿美元的营收，预计到 2028 年，5G 的营收可达 2000 亿美元。

未来几年，5G 将给媒体和娱乐行业带来快速的市场增长，全球媒体市场规模将急速扩张，而最先应用全新商业模式的媒体企业将成为领先赢家。

5G 的应用将改变媒体和娱乐产业目前的发展趋势，为其发展带来新的可能。如果企业能够抓住 5G 的新机遇，就会获得一种极其关键的竞争资产，如果企业错失良机，就会使企业的发展跟不上时代的潮流，减缓其发展速度，甚至是被淘汰。5G 转型浪潮是所有娱乐产业里的企业都要面临的问题。

那么，企业应该如何更好适应 5G 大环境？企业必须适应商业环境、消费者习惯和公众期待的新变化，以积极的心态拥抱 5G，通过新技术的实践或与其他技术的结合实践等，为消费者提供更好的娱乐体验。只有这样，企业才会赶上未来娱乐产业爆发式营收的列车，为企业创造更多的营收。

13.1.2 提供媒体交互新方式

当前时代同样是一个媒体行业飞速发展的时代，从传统媒体发展到互联网、移动互联网媒体，再到自媒体；从图文资讯时代发展到短视频、直播时代。那么在 5G 时代，媒体行业会迎来怎样的颠覆性变化？

英特尔和 Ovum（电信产业极富权威性的一家咨询顾问公司）曾共同发布报告，在其中列出了对 5G 时代下各行业应用增长的期望，其中，视频占了 5G 数据使用量的 90%，到 2028 年，游戏等用途将占 5G AR 数据的 90%。

在未来，5G 势必将加速移动媒体、移动广告、家庭宽带等的内容消费，同时，众多互联网视频平台也希望通过一系列沉浸式和交互式新技术的使用来为用户创造更好的体验，以便在 5G 到来之前把握先机。

5G 促进了 AR 和 VR 应用程序的开发，这些应用程序带来了更高的营收，并提供了媒体交互的新方式。AR 技术将通过虚拟场景和增强性情境信息等给用户带来与媒体交互的全新方式。

5G 提供的媒体交互方式表现在游戏和新媒体渠道中。首先，虚拟场景将被用于 AR 和 VR 游戏之中，如云游戏的体验增强会推动其订阅量的上升。其次，5G 为新媒体提供了虚拟场景，使消费者与内容进行交互成为可能，同时沉浸式体验可以提高用户参与度，种种新的交互方式为用户带来了更加真实的体验。

在 5G 提供新的交互方式的同时，新的感官体验将带来新的娱乐盈利方式，也就是说，新的媒体交互方式不仅给用户带来更加新奇的体验，也会给媒体企业带来新的营收。

13.1.3 赋能数字广告市场

5G 的发展对广告市场也产生了不小的影响，在 5G 发展的趋势下，3G、4G 移动广告收入持续降低，5G 移动广告收入快速增长，以 5G 为依托的沉浸式产品的出现极大地影响了广告市场的发展。

5G 对于数字广告的影响值得所有广告商去关注，它传播速度更快，其低延迟的特性可以为用户提供更多身临其境的体验，而更高的分辨率和更优质的体验有助于广告商更好地与用户联系。

一旦 5G 形成规模化发展，就意味着新的广告机会出现了，广告商也一定会大力发展 5G 支持下的数字广告，在未来，5G 在数字广告市场将大有所为，其对数字广告市场的影响主要表现在以下几个方面，如图 13-1 所示。

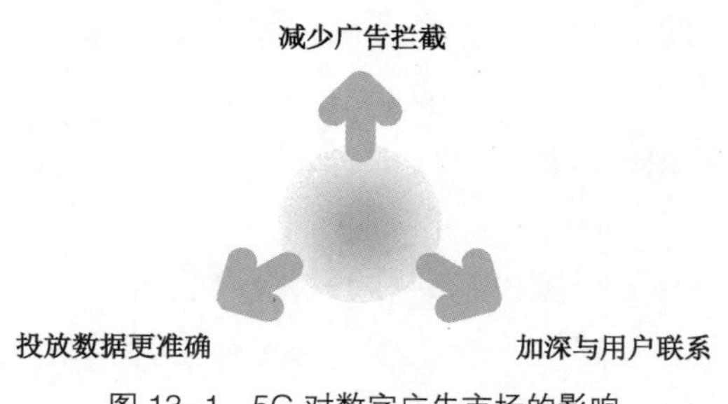

图 13-1　5G 对数字广告市场的影响

1. 减少广告拦截

随着 5G 广告体验的优化，未来可能会看到广告拦截率的下降。目前，因广告拦截过多导致的视频或会话被中止的现象屡见不鲜，而未来 5G 发展之后，可能会减少这种现象，还会消除因广告过多而导致的页面加载速度缓慢的状况。

2. 投放数据更准确

当使用 5G 进行准确的位置定位时，可使近距离广告成为现实。4G 数据只能支持聚合移动及实时传输的分析，这可能会导致广告客户未获得预期结果。5G 将带来实时、超精确的位置数据，使未来广告营销具备更高性能。

3. 加深与用户联系

5G 可以降低互联网套餐的成本，用户便有价格更为合理的无限数据包可以使用，其在移动设备上花在视频、音乐和游戏上的时间也会增加，这种趋势为广告商提供了与用户建立深度联系的机会，有助于广告商加深与用户的联系。

在 5G 即将蓬勃发展的今天，广告商应抓住机遇，进行新的规划安排，利用新技术服务于用户，以抢占先机，获得更大发展。

13.2 5G+游戏，增添游戏趣味性

5G 提供了媒体交互的新方式，而这种全新的交互方式体现在游戏中时，也有效提高了用户的游戏体验，为游戏增加了趣味性。

那么，5G 将给游戏带来怎样的巨变？如何改变游戏的发展与营销？

13.2.1 定位准确性更加强大

当前，我国游戏产业存在增速放缓、格局固化、缺乏创新等问题，而 VR 与游戏产业十分契合，其全新的模式将彻底改变游戏行业和用户对游戏的玩法。VR 游戏是 VR 行业中的热门话题，此前各种动漫及科幻小说也让大家对 VR 游戏有了深深的期待。游戏可以充分地发挥 VR 的沉浸式体验，游戏的体验感也成为用户的迫切需求，用户更注重游戏内容与个人感觉的交互性。

过去一些简单的玩法和低质的游戏体验已经成为用户的痛点，定位的不准确就无法为用户带来良好的游戏体验。分析场景结构，跟踪定位及场景重构，物体检测与识别都是为了找到场景中的目标，这是场景理解的关键环节，而跟踪定位技术的不准确就使得游戏用

户无法找到准确的目标，自然也无法形成准确的场景理解。

5G在游戏中的应用就很好地解决了这一问题，5G的地理定位能力不仅可以提高游戏的准确性，还可以将功能扩展到室内或拥挤的城市环境中。4G的精度在10米至500米之间波动，而5G会在多数设备中提供1米精度的定位。这一改进使开发商重新思考其所使用的定位技术，因GPS有长时间的记录且耗电量大等缺陷，与此对比，拥有更准确的定位的5G必将成为开发商的首选。

借助5G，AR游戏的会话时间会更长，地理位置也会更准确，将给用户带来更真切的身临其境的体验。

13.2.2 身临其境的游戏体验

随着5G移动互联网时代的到来，其将彻底改变移动游戏的格局。在5G下，其下载速度预计比4G速度快上百倍，信号质量也会大大提高。总之，随着5G技术的应用，移动游戏行业及其营销市场行业必将产生飞跃发展。

5G新的性能和网络连接会改变移动内容的分销模式，为用户带来更好的身临其境的体验，丰富了游戏内功能和移动广告模式。5G网络的来临将为移动行业带来巨大的发展机遇。

对于用户来说，高速的数据下载速度和更大的联网容量是十分重要的指标。除此之外，5G还在其他方面取得了突破，给用户带来更佳的游戏体验。

首先，5G优化了网络延迟，用户将体验到更短时间的延迟，他们不用依赖强大的WiFi，仅通过移动网络就能够体验快节奏的游戏。其次，设备的定位精确度为用户在一起玩游戏的需求提供了新的可能，同时，增强现实技术也变得更具可行性。

由于5G高速的网络速度和低延迟，在未来的发展中，虚拟现实VR、增强现实AR游戏等的出现将会成为现实。我们将会看到多样的3D游戏，体验虚拟场景与网络的实时互动。

13.2.3 商业模式更为盈利

随着我国网络市场的发展，网络游戏运营商的竞争也越来越激烈，在这种形势下，游戏运营商转变其传统的盈利模式，积极利用新科技探索更高效的盈利模式就成了其发展过程中需要解决的重要问题。

而5G在游戏行业的应用也为游戏运营商转变其盈利模式提供了技术支持。5G为游戏产业带来的好处是多方面的，对于游戏运营商来说，5G支持娱乐产业也会减少其运营成本，使其商业模式更为盈利，其表现主要表现在以下两个方面。

1. 游戏运营商可更全面的掌握监控信息，做出更科学的决策

5G带来的网络可视化将帮助游戏运营商监控大量信息，这些数据可帮助广告商和出版商在节目拍卖中得到更好的匹配。

2. 获得更多广告收入

对于游戏运营商来说，参与指标，包括点击率、可视性强、视频完成等因素，可帮助运营商获得更高的回报。而5G的支持，其更加快速的传播速度和低延迟的特点等都会帮助游戏运营商实现更高的eCPM（每一千次展示可以获得的广告收入）。

5G实际上是改变游戏规则的技术，在看到它的影响后，其必将大规模应用，例如：在射击、纸牌游戏等多种游戏类型中，5G都会推动其快速发展。

5G是游戏开发商不可错过的机遇，但什么时候才是发布游戏的合适时机？这一点需要游戏运营商仔细观察用户所处的环境，并根据自身特点把握时机。

13.2.4 云游戏成为可能

5G在游戏产业的应用使云游戏成为可能，所谓云游戏就是用户无须下载就能够在线玩的游戏，其过程在服务器端运行，通过网络传输，用户端只需显示和接收指令，使游戏更加方便。

当前，手机游戏用内存来运行游戏，导致大型的手游都以GB计数，对手机内存造成了不小的压力。在5G技术支持下的云游戏因不用下载手游App而放松了对手机内存的要求，除此之外，云游戏的这个特点也会更方便其发展用户，实现更好的游戏推广。

在发展云游戏这个方面，腾讯已经做出了良好的范例。腾讯已经申请了“WEGAME CLOUD”商标，将进一步发展云游戏的相关业务，随后腾讯与英特尔合作推出云游戏平台“腾讯即玩”。通过在云端完成耗费硬件资源和功能，让用户摆脱束缚，省去下载和等待时间，实现“即开即玩”。

该游戏平台在云端后台接收用户操作指令来运行游戏，然后将内容编码为视频流发送

给用户，拥有跨平台、低延时、覆盖范围广和不限空间局限等特点。

从腾讯在云游戏上的实践中可以看出，云游戏或已成为网游发展的新趋势，而到 5G 网络普及后，云游戏必将会火热发展，把这种新奇的体验带给更多的用户。

除腾讯之外，手机厂商们在研发云游戏方面也非常积极。一加、OPPO 等手机厂商开始进入云游戏领域，在 2019 年，MWC（世界移动通信大会）上，一加、OPPO 分别发布了其云游戏服务。

5G 网络下，速度、延迟和容量方面都被显著改善，可实现云游戏服务。玩家只需要一部一加手机，就可随时玩大型游戏。在大会上，一加手机也向玩家展示了使用一加 5G 手机链接游戏手柄来玩大型游戏的场景。同时，OPPO 也已开始与领先的软件开发商合作，共同研究 5G 云游戏的探索、开发。

当前，云游戏已经有了初步的发展，但还无法与 PC 和游戏主机抗衡，原因主要在于性能上的差距，几毫秒的延迟都会影响玩家的游戏体验。

5G 的应用就完美地解决了这一问题，在 5G 的支持下，云游戏以其完全不同于传统网游的极大优势为推动力，必将有广阔的发展前景。各游戏运营商一定要抓住机遇，才会获得更好的发展。

13.3　5G+影视，影视行业大变化

在未来，5G 将应用到社会的各个行业，以用户为中心建立全方位的信息系统，开启万物互联的时代。那么，5G 对影视行业有哪些影响？

5G 在影视行业的应用，为影视行业带来了巨大的改变，使得 VR 电影等虚拟应用的开发与使用大幅增长，增加了新的观影方式和观影内容，也增加了创作者的表现形式。

13.3.1　VR 电影和虚拟应用增长

很多人对于 5G 的理解就是速度比 4G 更快，但对于影视行业来说，5G 的意义不止于此。

对影视行业来说，5G 时代代表着一个全新的时代，沉浸式体验也许会逐渐成为用户消费的主流。那么传统的影视行业的巨头是如何布局的？

华纳兄弟将利用英特尔的 5G 和移动边缘计算技术，为用户提供新的服务，例如：更准确的定位娱乐和多用户游戏。利用移动边缘计算，华纳兄弟可以大幅提高 AR、VR 游戏及内容消费的用户体验。

影视行业已开始了对 VR 长视频的尝试。2017 年，VR 电影《家在兰若寺》的出品就是 VR 长视频创作的成功范例。影片时长 56 分钟，观看该影片时，观众需佩戴头盔及耳机。

影片共由 14 组镜头构成，其中有两组镜头效果最为震撼。其中一组镜头是观众视角在浴缸中，面对全裸的小康，看到他的身体、哀愁、欲望，这是很大胆的处理；另一个镜头为拍摄在浴缸中的小康和鱼精亲密的镜头，当然，观众是通过光影的变化来感受两人的暧昧的。

因设备的佩戴问题使得影片画质不够清晰，且 VR 头盔质量过重，长时间佩戴给头颈带了压力，而这正是当前 VR 市场要在下一步发展中所需解决的问题。

李安同样也将 VR 技术应用到了电影的拍摄里，将于 2019 年 10 月上映的《双子煞星》就是这样一部影片。

从各导演在 VR 电影的实践中，我们不难发现 5G 在影视行业应用的前景，未来，影视行业的 VR 电影和虚拟应用将会越来越多，将会带来影视行业发展的新趋势。

13.3.2 观影方式改变，带来影院危机

5G 网络的精准定位和低时延等特点将推动 VR、AR 等沉浸式影视娱乐的兴起，而行业势必会因此探索新的商业模式。在娱乐行业快速增长的背景下，沉浸式体验必然成为主流。5G 与影视的结合，新的观影方式的产生，为传统影院带来了危机。

美国电影协会相关报告显示，2017 年，北美市场的票房收入下滑 2%，其观影人次也下滑 6%，是 1995 年以来北美市场观影人次最低的一年。同时，该报告显示，家庭娱乐收入在 2017 年上涨 11%，其大部分来自视频流媒体服务。

现在优质视频层出不穷，影院也不是唯一给用户带来视听享受的渠道，再加上通过影院获取视听内容的成本偏高，传统影院的发展正面临着巨大的挑战。

AR、VR 等沉浸式体验将在 5G 的全面应用下迎来市场成熟期，观影模式也会随之而变化，这让传统影院陷入迅速衰退的危机之中，新的观影模式对传统影院的冲击主要表现在以下两个方面。

1. 分散了传统影视企业的客流量

5G 与影视行业的结合，将会加速 AR、VR 等沉浸式观影模式的发展，在这种情况下，沉浸式观影模式以其更真实的体验、更自由的时间选择等吸引更多观众的注意，从而使得影视企业的客流量减少，收益自然也会降低。

2. 对传统影视企业的融资造成冲击

在未来的影视行业，以 5G 为依托的 AR、VR 等沉浸式观影模式将会火热发展，也会吸引一些投资机构或投资商将自己的关注点放在以应用新技术为主的新型影视企业上。这样在流入影视行业的资金稳定的情况下，传统影院获得的资金支持就会减少，并对其融资发展造成冲击。

5G 时代，传统影院必然面临严重的生存挑战，现有的经济模式不再适用于新的时代，技术的发展不仅使影视文化的从业者更加专业化，还会对传统影院，乃至整个影视文化行业的格局产生影响。

传统影院只有不断应用新的技术，才能实现观影方式的升级，找到新的符合时代发展潮流的发展方向。

13.3.3 重点布局“内容＋科技”

5G 的应用已经是影视行业未来发展的大趋势，对于影视行业来说，布局“内容＋科技”是其未来发展的趋势之一。

在传统影视行业里，包括好莱坞等电影行业巨头在内的企业多是建立在发行基础上的，但在未来的影视行业的发展之中，科技和内容的结合才是未来影视行业发展的根本动力。

当前，互联网影视企业开始进入市场，如苹果公司建立了自己的影视公司，投入巨资来打造自制精品影视；谷歌也不甘其后的开始打造自己的影视版图。

这些互联网巨头资本实力雄厚，利用其优势，通过大数据分析用户行为偏好来定制精品影视内容，所生产的作品会更加贴合用户的需要，影视行业，始终还是内容为王。

5G 时代到来之后，信息传播的关键将从内容渠道变为数据，硬件设备的地位将更加突出，在未来，互联网企业在影视行业中的地位将受到冲击，硬件巨头将占据信息分发的主要渠道。

为此互联网公司加大了技术研发，谷歌主攻VR硬件设备；苹果研发可穿戴智能设备；小米发展智能硬件；阿里巴巴发展大数据和人工智能，成立自己的影视公司，收购优酷，布局影视行业。除此之外，这些公司也大力投资智能硬件，对智能音响等进行投资和研发。

在未来，对于影视行业来说，不论是传统影视公司、互联网影视公司还是硬件公司，其发展的重点都是要大力布局“内容+科技”，在内容方面，利用大数据对行业前景、用户行为等的分析是把握关键内容的必要条件；在科技方面，加大5G在影视行业的研发和应用也是提高自身竞争力的关键。

5G将给智能硬件公司提供弯道超车的机会，依托其数据传输的优势，智能硬件公司在5G时代将在未来影视行业中，迎来快速发展。

13.3.4 个人创作者和表现形式越来越多

在未来，移动视频收入会因5G的应用为其带来的高速传输来实现飞速增长。凭借广阔的覆盖范围，5G会使网络运营商的电视商品获得更多的规模经济，有力地应对与有线电视、卫星电视等的竞争。同时，5G将通过优化视频服务帮助运营商获得移动媒体的增长。

智能化的软件也提高了生产效率，当软件智能化后，可以帮助用户处理很多问题，且不仅效率会提升，操作门槛也会降低。

这使得影视创作将出现更多可能，如：一个人做视频甚至一个人制作电影。在移动互联网时代中已经出现了“网红经济”、自媒体浪潮等，他们一个人即是一个团队，而5G时代将会让更多人拥有创作者的标签。

在这样的背景下，将有越来越多的个人创作者通过新型的信息传播方式脱颖而出。同时，“新锐导演”、“青年导演”的发掘力将会增强，电影表现形式也会走向多样化。

比如，桌面电影《网络谜踪》就是个人创作者利用新题材取得成功的案例。影片拍摄仅用了13天，却斩获7000多万美元的票房。这部电影的成功之处就在于题材，之所以成为桌面电影，就是因为影片剧情大多都是在电脑或手机的桌面里进行的，以打开电脑开始，以关闭电脑结束。这部影片就是个人低成本创作的典范。

新技术的发展降低了电影的制作成本，使得更多有才能的人通过影视创作脱颖而出，5G时代将有更多新颖、低成本的创新表现形式出现。

13.4　5G+旅游，优化出行体验

5G 为各种新技术的创新提供了技术保障，那么，5G 在旅游行业中应用时，可以为其带来哪些新的改变？

5G 的应用使更富有趣味性的旅行成为可能，在 5G 的应用中，依托 5G 建立的新型旅游景区将为游客带来更加新奇的享受，更数字化的酒店等也使得住宿更为便捷，同时，5G 与人工智能的结合将使旅游服务更为优化。

13.4.1　5G 版旅游景区如雨后春笋

早在 2018 年 12 月，中国联通就在河南红旗渠建立了“5G+智慧景区”项目，结合景区的特点及需求，5G+VR 全景直播、5G+人工智能社交分享、5G 智慧鹰眼等新技术已在景区开始试点。

例如，5G+VR 全景直播，VR 由于技术受限，在自然风景区想要实现 VR 全景直播难度较大，但随着 5G 与无人机的使用，5G+VR 将会带来更好的体验效果。

当无人机盘旋在景区上空时，通过 5G 实时传送景区全景高清画面，游客戴上 VR 眼镜，就如同身在无人机上，开启了上帝视角，能够通过高清镜头清晰俯瞰景区全貌，且没有丝毫卡顿、晕眩等副作用，体验感大幅优化。

再如，5G 智慧鹰眼，可以以语音、文字、图片、视频及 3D 模型等形式，借助 AR 眼镜让游客更方便地欣赏景区；5G+人工智能社交分享利用鹰眼和人工智能技术，为游客快速生成包含图片、文字和视频的游记，并支持删减，可修改成游客自己的游记。

这些技术的应用可以提高游客在景区游玩的体验，让游玩更加深入、更加方便。

2019 年 2 月 19 日，5G 基站在云台山建成并试运行，表明了云台山正式迈入 5G 时代。云台山通过应用 5G，建设云台山 5G+智慧旅游项目，探索 5G 在文化旅游中的应用，提高了旅游服务新体验。

进入 5G 时代的云台山实现了全方位网络覆盖，保证了信号传输的稳定性。新的景区服务可满足高清视频传输、快速精确导航、保证人群高速上网等需求，游客可以享受到高传输速度带来的畅爽感，且不受客流量及时间段的影响。

另外，在都江堰景区，中国移动成都分公司也成功建设了5G基站，以“VR全景成都”为立足点，推进5G景区建设，使5G、大数据、物联网和景区VR等应用充分结合，为成都“国际旅游城市建设”贡献力量。

5G版旅游景区的纷纷出现已成为旅游行业的趋势，在未来5G的普及下，会有越来越多的景区利用其打造具有自身特色的5G版旅游景区，给更多的游客带来更新奇美妙的体验。

13.4.2 5G让酒店、民宿更加数字化

5G在旅游行业中的应用是多方面的，作为旅游中的重要组成部分，酒店行业自然也会抓住这一机遇，例如，首旅如家酒店集团就是酒店行业里第一家引入5G的酒店企业。

5G在酒店行业的应用将使得酒店和民宿更加数字化，那么，5G为其带来的影响主要表现在哪些方面？主要有以下四个方面的影响，5G对酒店行业的影响如图13-2所示。

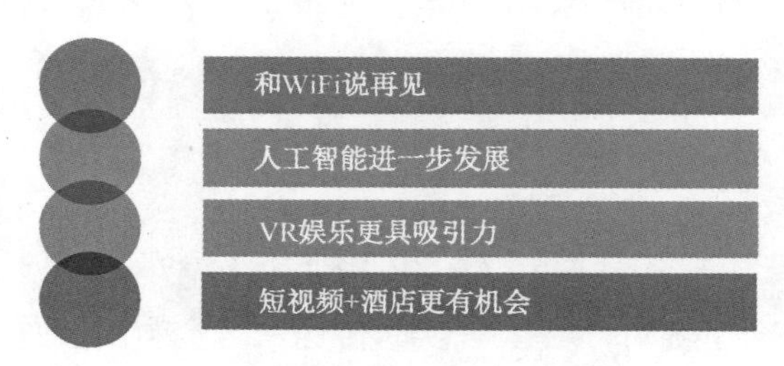

图13-2 5G对酒店行业的影响

1. 和WiFi说再见

5G在酒店行业的应用可以使其向WiFi说再见，酒店和民宿可以将每个客房和公共区域连接在一起，管理更方便和快捷。

对于游客来说，自然更愿意选择入住提供5G的酒店和民宿，而这对于酒店和民宿来说，也是其发展的机会，酒店和民宿可以利用5G为那些使用电脑的游客提供更好的体验。

2. 人工智能进一步发展

此前，酒店在与人工智能的使用上进行了一系列实践，例如：使用机器人做客房服务、安置智能语音机器人等。虽然酒店和民宿希望以人工智能技术来提高自身服务水平，但目前由于技术和网络的不足，人工智能仍不能与酒店服务进行良好的结合。

随着物联网的发展，其运行的传感器越来越多，酒店和民宿可以利用物联网来处理 5G。而随着其他人造智能设备的普遍，5G 将带来更快速的宽带体验，从而带动酒店、民宿与人工智能的结合进一步发展，为游客带去更好体验。

3. VR 娱乐更具吸引力

在 VR 技术刚刚兴起的时候，许多酒店为了打造卖点，在酒店中安装了 VR 娱乐设备，但其效果却不尽如人意。

多数酒店会利用 VR 为游客介绍旅行风光，这种尝试处于非常初级的阶段，VR 在酒店中的效果不是很明显，甚至会成为酒店的无效支出。

其原因就在于 VR 的内容的局限性。VR 不会根据游客需求或喜好来呈现内容，而是需要提前设置，游客对于 VR 内容的选择性很小，因此其对于游客的吸引力也是非常低的。

而且 5G 比 Wi-Fi 更灵活，可以支持更多的设备，并增加在线 VR 内容，为游客提供更多的选择，从而更具吸引力。

4. 短视频+酒店更有机会

当前，短视频无疑是一种全新的营销方式，与旅游业和酒店业的营销密切相关。而在未来，5G 解决了流量和播放速度等问题，短视频与酒店、民宿的结合，为酒店和民宿的发展提供了更多的机会。

5G 的网速约为 4G 的 100 倍，使用 5G，眨眼间就可完成视频的加载，解决了人们观看视频需要等待的问题。

当前，以华为为代表的通信设备提供商正在大力研发 5G 智能手机，在中国移动发布的 5G 终端策略中，其终端试验也包括 5G 手机。在 5G 手机发展成熟后，短视频的发展将更为红火，酒店与民宿等通过短视频可以获得更多关注，也有了更多的机会。

5G 在酒店行业的应用，可极大提升酒店、民宿的服务水平，随着 5G 的发展，其在酒店行业的应用也将拥有更多可能。

13.4.3 5G+人工智能=旅游服务的提升

在人工智能、5G、物联网等一系列新技术的快速发展下，利用这些技术为消费者提供个性化服务、提升自身的服务质量，成为传统的旅游行业未来发展的重点工作。

在人工智能的支持下，智能机器人将会极大提升旅游服务的水平。通过人工智能技术优化产业链，并提供全方位服务，可向游客提供有效的相关信息，甚至会改变游客的旅行计划和旅行方式。

例如：花之冠国际旅行社就发布了其旗下的智能机器人——小U。在小U的程序中，机器人端、移动端与PC端结合在了一起，可为游客提供方便快捷的旅游出行服务。同时，这种智能机器人还可通过旅行线路收益分成、广告等手段来提高商家的收入，也降低了商家进入旅游行业的门槛。

旅游服务中的另一款应用5G智慧鹰眼，则极大优化了景区管理。智慧鹰眼利用图像采集终端和5G高速通信的方式完成视频和图像的传送，并且可以覆盖景区全景，使景区的管理更加精细。

5G与人工智能技术的结合，可以使旅游服务以科技为依托，通过个性线路定制、精品推荐、智能导航等功能，为游客在信息获取、行程规划、商品预订、游记分享等方面提供更便利的智能化服务。

13.4.4 关于“5G+旅游”应用的未来猜想

当前的5G还处于发展的初级试验阶段，同4G模式一样，还是以服务于人为目的。对于旅游行业，4G因其局限性不能稳定的满足需求，如果应用到智慧化景区当中，则需要由5G来完成。

5G的优势是增加了带宽、速度快且低延迟，应用更加灵活，其目的是为了实现万物互联，打造一个更加整体、和谐的应用环境，而这一目标需要5G全面覆盖的支持。

目前的5G处于一个尝试的阶段，没有一种公认的模式。在其发展期间，可能会出现一些5G的应用，比如线上旅游，通过虚拟现实领略各地风光、沉浸式的景区体验等。

在未来，5G应用到旅游行业中，对景区和酒店等各种管理者及游客来说，都提供了极大的便利。

对于景区和酒店等各种管理者来说，5G的支持将更便于其对景区及酒店的管理。景区、酒店的智能引导行业，不仅是一个平台，还会有一些线下的设备，随路径的不同产生相应的引导方式。在未来5G的发展中，景区数字化是大势所趋，通过全景覆盖的屏幕可以看到景区的关键指标，客流量、停车位数量、消费数据等都会被直观地展示出来，方便了景区管理者对景区的管理。对于管理者来说，通过这些直观的数据，就可以了解景区各方面的情况。

对于游客来说，5G 应用到旅游行业中后，为其带来了更为舒适的服务体验。智能化的一站式服务和各种高科技的娱乐项目的研发和投入，也增加了游客出游的趣味性。

当前，5G 的应用主要集中在虚拟现实、非手机化人脸识别、景区数据可视化管理等方面。在未来，旅游市场环境会很快完善起来，去手机化也将成趋势。

与此同时需要注意的一点是，由于对 5G 的呼声很高，用户对它的期望值也达到了一定的高度，但 5G 仍处于发展的初级阶段。即便 5G 现在已开始应用，仍有一个与各行业的磨合期，无论是产品还是技术，都需要时间来验证。

第14章

5G+教育：保障成长的未来

目前来看，在国内与国外的研究和预测中，都把 5G 视为能够改变世界的技术。从智能家居到出行方式，从旅游行业到农业等，各行各业的人都在关注着 5G 的发展，以期从中抓住机遇，实现自身的跨越式发展，各行各业都加入到了这场新的角逐之中。

那么，当火热发展的 5G 进入教育行业中时，能为其带来怎样的转变？

14.1　传统教育模式的弊端

我国当前的教育模式受传统教育模式的影响颇深，由此引发了教育模式的种种弊端。若想达到良好的教育效果，需要对传统教育模式进行改革，构建更加合理的教育模式。在改革之前，首先要了解传统教育模式的弊端。

14.1.1　过度重视书本知识的传递

传统教育模式的弊端之一就是在授课中过于重视书本知识的传递，这使得教师的授课程式化、教条化，不仅打击了学生学习的积极性，还阻碍了其创新思维的形成，这种授课方式是存在缺陷的，其缺陷主要表现在以下两个方面。

1. 忽视了知识与实践的关系

真理既具有绝对性又有相对性，认知真理是一个反复、无止境的过程，而传统教育模式下，教师为了达到考核要求，把课本知识当作教条，认为其是不容置疑的绝对真理，并让学生们相信这些真理。

而现实生活中的情况具有复杂性，不同条件下同一个问题可能会有两种发展趋势、产生两种结果，这并不是一两个概念就能解决的。传统教育模式不重视经验获得的实践和学生的学习实践，也不重视学生对于知识的思考和认识，只是把书本中的经验和结果传授给学生，并要求其熟记。

在这种情况下，学生知其然却不知其所以然，很容易产生生搬硬套的情形，同时这种学习方式也不利于学生学习效率的提高。

2. 限制了学生的创新思维的培养

这种教育模式突出了分数评价的标准的作用，教学管理要求整齐划一，不重视学生的个性发展。灌输式的学习方式严重打击了学生的自主学习能力，也阻碍了其自主学习思维的开拓。

在这种教育模式中，受教育活动计划性的影响，学生和教师都受到了教案的束缚。教师授课的理想进程是完成既定的教案，不愿节外生枝。教师也希望学生按照自己设计好的教案来进行活动，当学生的思路与教案不符时，教师常常会把学生的思路“拉”回来。

这种过于重视知识传授的教育模式忽视了对学生创新能力的培养，只关注学生的知识储存，不注重发展其创新能力。

总之，教师在授课中过度重视书本知识的传递，会忽视实践与知识的关系，不利于学生对知识的理解和掌握，同时，这种授课方式也限制了学生创新思维的培养，不利于其成长为符合新时代需要的创新人才。

14.1.2　教育资源分布不均衡

教育资源分布不均衡也是传统教育模式的弊端之一，尽管我国从未停下解决教育资源分布不均的问题的脚步，但是其仍然是一个严重的社会问题。教育资源分布不均衡主要表现在以下两个方面。

1. 地区教育资源分布不均衡

发达地区的经济和教育意识都处于领先地位，教育投入高于欠发达地区，这使得教育资源呈现地区分布的不均衡。

各地的教育资金投入都是以当地地方政府支出为主，北京、天津等东部相对发达地区因其地方雄厚的资金支持，可在教育发展中投入更多的资金，而中西部部分经济欠发达地区，因其经济能力无法与发达地区的经济实力相比，所以这些地区即使会有国家经济支持，但在教育的资金投入方面还是低于发达地区的资金投入。

2. 城乡教育资源分布不均衡

城乡教育资源分配不均衡也是教育资源分配不均的重要表现。重点学校集中在城市，而我国大部分人口居住在农村，农村义务教育阶段学生数量庞大，这与农村薄弱的教育资源形成了鲜明的对比。

由于教育资源分配上存在的城乡分化严重，导致农村中小学学生存在辍学等现象，甚至“读书无用论”的错误思想仍然存在，并产生了所谓的“马太效应”，使农村基础教育继续薄弱下去，加大了城乡教育的差距。

从资源配置上看，优质学校、教育资源集中在经济发展水平较高的城市，造成城乡间资源配置不平衡，农村地区、薄弱学校的发展和资源相缺乏。

教育资源地区、城乡分布的不均衡使得区域间、城乡间的教育水平差距越来越大，这也是传统教育模式中亟待改善的问题。

教育资源分布不均衡的根本原因在于经济、社会发展的不平衡。我国基础教育的支出主要由地方政府承担，不同地方的政府在经济发展目标及财政收入的约束下，对教育的投入程度必然有所不同，从而形成了教育资源分配不均衡的情况。

14.1.3 学情反馈不及时

学情反馈不及时是传统教育模式的缺陷之一。学情反馈对于学生学习效率的提高有着重要指导意义，如果学情反馈不及时，老师就无法清晰了解每一位学生的学习情况，也就无法做出有针对性的指导，就失掉了引导学生有效学习的一种有效途径。学情反馈主要包括以下几方面内容。

1. 学生年龄特点反馈

学生年龄特点的反馈从宏观上反映了学生的整体倾向，包括在此年龄阶段的学生积极活泼还是开始羞涩保守、喜欢和老师配合活动还是开始抵触老师等。这些特点可以通过心理学的简单知识来分析，或凭借经验及观察来把握。

2. 学生已有知识反馈

针对本课或本单元的教学内容，明确学生需要掌握的知识，并分析学生是否将其理解，可以通过摸底考查、问卷等方式。如果发现学生知识掌握情况不佳，教师可以采取一些补救措施或调整教学难度和教学方法。

3. 学生学习能力反馈

通过了解学生理解掌握新知识的能力、学习新操作技能的能力等，教师可以据此设计教学计划，还可以分析得出学生中学习能力较强的尖子生和学习能力较弱的学习困难生，并为此采取变通、灵活的教学策略。

4. 学生学习风格反馈

不同的学生有不同的学习风格，或灵活或沉稳，教师可以结合经验和观察，捕捉相关信息，在课堂活动中扬长避短，充分发挥不同学生的长处。

学情反馈包涵多方面的内容，是教师进行教学总结和教学计划的重要依据，同时也可以更好地帮助学生学习。而学情反馈不及时，必将产生很多不良的影响，这些影响表现在教师和学生两个方面。

学情反馈不及时，教师的教学就失去了目标。一方面，学情反馈不及时，教师无法对学生的真实学习情况进行了解，因此无法对自己以往的工作做出总结，在面对学生学习中的诸多问题时，也无法从根源上帮助学生解决问题，无法有效地提高学生的学习效率。另一方面，学情反馈不及时，教师也就失去了制定自身下一步教学计划的重要依据。可能导致教师的教学计划不符合学生的需求，遗留的问题越来越多、越积越严重，对学生的学习进步造成阻碍。

学情反馈不及时，教师无法注意学生的能力起点，不能正确地对学生进行相对应水平的教学，不清楚学生的学习方式，不知道学生的学习习惯，不清楚学生的认知规律。不了解学生的基本情况和学习情况，其教学就存在盲目性，无法帮助学生更好地掌握知识，明确学习目标。学情反馈是教师教学环节中很重要的一环。学情反馈不及时也无法使教师提高自己、完善自己、形成自身独特的风格。

学情反馈不及时也阻碍了学生的学习发展。学情反馈不及时，学生就无法根据教师的指导来改正自己学习中的错误，学生在学习过程中遇到的问题越来越多，会严重影响学生的学习效率、打击其学习的积极性。

14.2 5G颠覆传统教育模式

一次次的移动通信技术变革使教育行业也随之改变，在2013年，随着4G的发展，移动互联网时代到来，催生了直播平台、新的教育类机构，BAT三巨头进军教育行业，各种在线教育创业者也纷纷涌现。

而现在，5G已经呈现出了火热的发展趋势，随着5G在教育行业的应用，新的教育模式将冲击，甚至是颠覆传统的教育模式。

14.2.1 影响内容用户端

随着 5G 的发展，与教育行业的结合也将会越来越多，新技术的支持会深刻影响内容用户端。

5G的发展会以其高速、低延迟等特点吸引更多的用户。包括我国在内的许多国家都十分注重对5G的建设，并已进行了相关的研究及布局。在国家的重视及技术支持下，5G的用户也会不断增加，预计到2023年，全球5G用户将达10亿。

目前部分设备制造商已经开始进行探索 5G 时代的新业务形态，英特尔、苹果、爱立信等都在聚焦 VR、AR 等新技术。例如，英特尔利用 5G 与 VR 结合的方式在体育行业进行探索；苹果以其手机系统占有率优势，鼓励开发者进行 AR 应用开发，以期产生新的应用形态。

这种趋势预示着在未来，5G技术必将对内容用户端产生深刻影响，也会在教育方式上提出革新，从而改变传统的教育模式。

5G带来的高质量的视频传输为在线教育提供了技术和载体支持，而在线教育高效、便利、资源互通等特性，打破了传统教育地域、时间的限制。在线教育的方式主要有以下几种。

（1）图文：最常见的、创作成本相对较低的方式。

（2）音频：多为情感类自媒体，或者以直播的方式，在分享中与用户互动。

（3）视频：表现力非常强，方便做技能教学、技能培训类知识等。

（4）社群：社群是双向的，用户和创作者可以进行密切的沟通。

（5）直播：知识付费直播，大多是通过视频录播+及时和用户答疑来完成的。对于创作者而言，降低了成本；对于用户而言，使学习更加方便，更符合碎片化的时间。

5G应用到教育行业中后，以上在线教育的形态都会获得更好的发展。除了以上几种形式，还有一种更加先进的在线教育会得到发展，为用户带来更好的体验，这就是VR教育。

教育的本质是言传身教，这是在线教育的缺失，在线教育只有言传，没有身教，而身教是人们最重要的学习方式之一，环境对于学习效果来说十分重要。

很多在线教育的学习，并不能完全做到让用户真实感知知识，削弱了教育的深度性。这时，VR就展现出了自己的优势，它可创造出虚拟现实，让用户身临其境，达到更好的学习效果。

VR教育的模式，可以让用户更好地了解知识的概念、获得学习的兴趣，可全方位调动用户的感官和思维去学习，所以不仅可以取得更好的学习效果，也会让用户获得更好的学习体验。

用户在任何地方都可以进行这样的VR学习，在学习过程中师生可进行有效的互动，使用户获得更加真实的学习体验。新的教育模式打破了时间和空间的限制，使学习更加自由。

5G在教育行业的应用，不仅改变了学生学习的模式，同时也改变了教师授课的模式，在新的模式里，教师同样也是VR在线教育的用户。

随着在线教育的发展，传统的教育模式也会发生改变，学校可能会推出双师课堂，主体教学内容是国家或省市统一组织的专家制作在线课程，传统教师可能会变为助教，辅助在线教学，给学生答疑并指导。

4G打破了用户使用的时间限制，而5G时代对用户的影响是更加深刻且全面的。用户的学习将打破时间与空间的限制，用户还能获得更好的学习体验。

14.2.2 感知变化：视觉体验的大迈进

视觉是人们获取信息的主要渠道，视觉边界的扩展往往带来认知边界的扩展。过去我们曾利用望远镜、显微镜等诸多技术、工具拓展了视野。而现在，5G 在教育行业的应用，创造了新的教育模式，为用户带来了新的视觉体验。

5G 时代，高速的网络使得 VR、AR 设备有更高的工作效率，同时，其低延迟可以降低设备成像的眩晕感，所以在众多应用场景中，VR、AR 会首先得到研究发展。据 IDC（互联网数据中心）预测，在教育行业中，2019 年至少有 20%教育用户考虑采用 VR 解决方案。

不同的视频画质在学习时给人的感受是不一样的，5G 的虚拟现实将带来更好的视觉体验，使师生感情的传达和沟通更加及时，其发展会给在线 1 对 1 小班课及双师课堂带来发展机会。

5G 将带来教育授课方式的改变。现有的授课方式主要是以课堂教学为主，而在未来，授课方式将会变成课堂与线上并行的方式。随着 5G 在教育行业的普及，可以将更多结合虚拟现实的技术运用到教学环境中，为学生创造更加真实、可交互的学习环境，让学生在学习中能够更加与实际、实践相贴近，提高授课的质量。

VR、AR 教育不仅可以为学生提供更真实、生动的学习环境，还可以节约教育成本、规避实际操作风险。在未来，虚拟校园、虚拟实验等都可能会实现。VR、AR 技术将改变传统教育模式，激发学生的学习能力和创新潜能，解决一些教育难题。

虚拟现实技术与教学结合后，可以依托优质教学资源，把抽象概念具体化，为学生打造高度真实、可交互、沉浸式的学习环境，随着技术的发展和商业模式的成熟，VR、AR 教育必将由如今的积累期走向以后的爆发期。

VR、AR 与教育的结合是技术进步的必然结果。因为虚拟现实技术对各行各业都造成了巨大的改变，自然也包括教育行业。并且虚拟现实具有沉浸感和带入感，可以给人带来真实的体验，同时，“手势捕捉”技术的加入，有效提升了互动性、想象性，这使得以 5G 为依托的 VR、AR 在教育行业的运用更具优越性。

14.2.3 成本变化：教育资源稀缺性减弱

什么是教育资源稀缺性？即优质教育资源是稀缺的，我们要努力获得这种资源，以获得更好的发展机会，避免被淘汰。因此稀缺性教育资源的竞争是一场事关生死存亡的大事。

要想获得稀缺性教育资源就要具备一定的条件，例如，学生所处的地域等，并且激烈的竞争使得教育资源稀缺性更加严重。

教育资源稀缺性加剧的重要原因就是许多资源不可共享，或者实现共享的条件难以达成。而 5G 在教育行业的应用带来的最主要的变化就是实现了教育资源的共享。

事实上，随着此前互联网的发展，教育资源共享已成趋势。互联网大规模、可复制的特点让更多优质资源共享到更多地区。而随着 5G、人工智能、虚拟现实、等技术的应用，在线教育的服务形式也在不断升级，以 5G、人工智能、VR 等技术驱动的线上个性化学习是教育行业中十分具有潜力的应用场景。

目前，已有教育机构进行了对人工智能＋教育的探索。比如作业帮，学生在选择课程时，作业帮通过智能分析，可以掌握学生的学习情况，并将学习能力和学习习惯相似的学生分配到一起。这使得课程更具针对性，提高了教学质量，也可以提升学生的学习兴趣。

5G 在教育行业的应用尚处于初级阶段，在线教育与 5G、传统教育的结合也不够紧密，这需要各方多加合作，才能更快地实现更高效的应用。

一方面，在线教育机构应主动与学校合作，通过 5G、人工智能等技术，帮助学校了解学生学情，帮助教师改善教学。同时，还可为学校和教师搭建平台，开放自身资源，让教师可以利用在线教育机构的技术优势，进行现代化、智能化方式的教学实践。

另一方面，在线教育机构在课程研发、教学等方面积极借鉴学校的经验。尽管在线教育机构具有一些技术优势，但在教育行业，学校和教师更具经验。通过借鉴学校和教师的经验，在线教育机构可以提升技术应用的精度及效率，也可以更好地指导其未来的技术研发。同时，在线教育机构也能够通过合作了解学校和教师的需求，方便其进行产品和服务的调整。

经过各方的努力推动技术的进步，未来势必会出现 5G 在教育行业更多的应用场景，而随着新应用的普及，教育资源稀缺性就会减弱，从而降低了教育成本。

新技术降低成本主要表现在两个方面。一方面，以 5G 为依托的在线教育实现了优质教育资源的更广范围的共享，可集中利用人才、课程、设备等资源，提高了资源使用率，降低了教学成本。

另一方面，以 5G 为依托的在线教育打破了时间和空间的限制，学生不必付出额外的交通与住宿费用，节约了教育成本。

总之，5G 通过实现教育资源的共享，为更多的学生提供了相对平等的学习环境，使得教育资源稀缺性减弱，节约了资源使用成本和学生的教育成本，颠覆了传统的教育模式。

14.3 5G带来三个市场机遇

随着移动通信网络的快速发展，5G与教育行业的结合，将为教育行业带来美好愿景，5G、VR与教育的结合将开启一种新的教学模式，给教育行业带来颠覆式的变革。

在全新教育模式的发展和应用中，教育行业将在三个方面存在着巨大的市场机遇。

14.3.1 高传输速率，激活“AR、VR+教育”

随着5G时代的到来，由于移动宽带增强、超高速度、超低时延通信、大规模物联网应用场景的拓宽，曾经许多难以实现的技术难点被攻克，使得AR、VR在教育中的应用成为可能。

结合5G之后，VR教育会扩展更多应用场景，主要表现如下。

（1）可以创造出之前难以实现的场景教学，如地震等灾害场景的模拟演习。

（2）可以模拟高成本、高风险的教学场景，如飞机驾驶、手术模拟等。

（3）可以还原历史或三维场景，如史前时代、太空等科普教学。

（4）可以模拟真人陪练，如在语言训练中让学生与模拟真人进行对话。

VR、AR技术可以将宇宙环境、历史场景等形象真实的模拟出来，满足学生的学习需求。通过虚实互动形式让更多的学生参与进来，让学生有充足的时间去思考和实践，培养其创新能力。

VR、AR技术在教育行业的应用，可研发出更多的教学资源，并可通过先进的教学设备实现虚拟探索、创造更多的互动内容，创新教学方式。沉浸式体验可以调动学生的学习积极性，让学生全方位地投入到知识的学习中，让学生动起来，让课堂活起来。

1. 课本知识活起来

AR、VR等技术在教育行业的应用，以国家课程标准为制定课程的基准，分学科、分章节制作。虚拟现实通过模拟真实知识内容，让课本中的知识生动地展现在眼前，让课本知识活起来。

2. 学生思维活跃

虚拟现实技术的沉浸式、交互式体验调动了学生的思维，能够培养学生的空间感、感知运动和转化思维的能力，实现更高的学习效率。

3. 教师教学活跃起来

新的教育模式改变了依靠笔和黑板的传统教学方式，教师通过生动形象的虚拟形象进行教学，丰富了课堂教学的形式。

4. 课堂气氛活跃

生动的模拟场景使课堂变得活泼有趣。虚拟与现实，教师与学生的交互，加强了教师与学生的联系，活跃了课堂氛围。

5G 在教育行业的应用，带来了“AR/VR+教育”的市场机遇，其成功实现后也会为学生和教师带来更好的体验。但目前，由于技术的限制，AR、VR 在教育中的应用还很少，一些采用了新技术的教育产品普及程度也很有限。而 5G 像是催化剂，会加速整个行业的发展。随着 5G 时代的到来，AR、VR 教育有望突破技术瓶颈，实现更好的发展。

14.3.2 深化人工智能应用场景

随着 5G 与人工智能的结合，人工智能在教育中的应用会更加智能。5G 与人工智能结合后，人工智能可以更好地与物联网、大数据等技术融合发展，数据采集会更加全面，算法模型也会更加优化，人工智能可以更好地辅助学生学习、教师教学和校园管理。

以学生学习为例，一方面，通过语言处理等功能可以快速帮助学生挑选其需要的课程，为其提供精准教学。另一方面，学习体验也会随技术进而提升，语音识别等技术会渗透到学习的每个环节，产生更加智能的工具，使学习过程中各环节效率都得到提升。

目前的人工智能在教育行业的应用是多样的，主要表现在以下几个方面。

1. 自适应学习

自适应学习就是将获取到的学生的数据分析反馈到知识图谱中，为学生提供个性化的课程、习题等，提高学生的学习效率和效果。

自适应学习与传统教学不同，传统教学通常是以班为单位，教师的教学内容和进度安排都是统一的，而自适应教学是以个人为单位，设置不同的学习内容和进度，使学生的学习更具有针对性。

2. 虚拟学习助手

虚拟学习助手为学生提供陪练、咨询、助教等服务，教育机构从中能够为学生提供更智能的服务，并且可以获得大量用户数据反馈。

（1）虚拟助教

由于教育过程中，助教所需要做的业务就是为学生答疑、提醒等功能，这些工作多为简单重复的脑力工作，因此，人工智能可以逐渐替代助教业务。

（2）虚拟陪练

课后练习对于学生学习效果的提升十分重要，因此虚拟陪练的产生是十分有意义的。不同的学习内容需要使用的应用也不相同，如理论性学科的练习更为方便，但与实践相关的学科，如艺术等常常需要搭配智能硬件来共同达成陪练。

3. 专家系统

专家系统就是在某个学科能够运用数字化经验、知识库，解决此前只有专家才能够解决的问题。它是人工智能和大数据结合的结果，有综合分析的能力，可以获取和更新知识。

4. 商业智能

教育机构运营包括多个环节，如推广招生、客户服务等，以及平时的活动，如采购、教研等，都可以在人工智能的帮助下提升其运作的整体效率。

教育商业智能应用场景是多样的。如在基础设施活动中，有财务预测管理等场景；在人力资源活动中，有人才评估、人才培养等应用；在采购中，软硬件采购、评估可利用人工智能技术；在教学研发中，有教研体系、备课工具等应用场景；在推广招生中，有招生平台；在教学过程环节中，有课堂的辅助、作业批改、考试等场景；在客户服务中，有客户管理、班级管理等场景。

目前，教育机构在商业智能化方面通常有两个方向，分别是运营支持和学情管理。

1. 运营支持

人工智能在支持教育机构运营方面是十分可行的。可以从学生反馈、学校生态和家长、社会参与度几个方面对学校进行评估，为学校制定有针对性的调查方案，找出学校的问题并提出解决方案。

2. 学情管理

人工智能可以更好地进行学情管理，为学校提供智能化教学方案，包括作业管理和课时学情分析等，学校和家长可以通过学情了解学生学习状况。

目前，老牌教育机构和新兴的在线教育机构都有深程度的人工智能应用布局，内容涵盖了从学前教育到成人教育等各年龄段、各类型的教育，人工智能已经成为教育机构的标配。在 5G 下，“人工智能+教育”将朝着更广、更深的方向发展。

14.3.3 “5G+物联网”，教育装备产业升级

5G 作为数字化建设的基础，其物联网的应用特性会推动教育装备产业发展。目前很多智能教育装备的研发，只有智能性而没有物联性。

5G 时代的到来，不仅解决了通信问题，也解决了人与物之间、物与物之间互连问题。物联网技术下的应用，使教育装备产业发生了巨大的改变，其产业升级方向主要有以下几个方面。

（1）硬件（新材料、低耗能）；（2）内容场景化、互联网化、IP 化；（3）产学研资本融合；（4）中国东、西部教育集成化；（5）教育创新和研发化；（6）教育装备产业输出化；（7）教育装备产业国际化。

因为技术限制，很多教育装备对数据的采集不是十分全面，数据之间也没有互通，不同教育装备的数据不能反映学生整体教育情况。而未来，5G、物联网成为发展趋势，教育装备将朝着研发物联性的方向发展。

但现在，仍有很多人对“5G+互联网”保持理性、冷静的态度。目前，5G 在教育行业中的发展相对缓慢。

纵观在线教育的发展，除了直播教学外，其他起到促进作用的技术还是太少。而 5G+教育的产品，多是以体验为目的进入学校，教育功能并不明显。

当前的现状是，大家对 5G 在教育行业的应用保持乐观的态度，并抱有巨大期待，但有关“5G+教育”的应用还处于讨论阶段，理论上认为会有广阔的发展前景，而距离实践还有一段距离。

在这种形势下，5G 与物联网的结合，促进教育装备产业升级就成了十分必要的事情了，其发展对于 5G 在教育行业的应用具有重要意义。

因此，在教育硬件设备上，应充分利用 5G 与互联网的优势，加快研发相关产品的脚步，全力打造低耗能的高性价比产品，同时提高产品的物联网性，使教育设备更加智能。

当前，我们必须明确教育行业正在面临的处境，什么样的尝试会导致什么样的结果，该如何利用新技术促进自身的发展，这是教育机构必须考虑的，在 5G 与物联网的发展中，只有抓住机遇，才会获得更大发展。

第 15 章

5G+社交，赋予社交新场景

5G 时代的到来和通信传输技术的发展带来了互联网媒介的变革，5G 以其高速度、大宽带、低时延等特点，使人们进入更加智能的时代，对于社交来说，5G 的应用对于未来人们的社交方式将带来颠覆式的改变。

5G 在社交中的应用，将极大地推动 VR 社交的发展，VR 社交以其独特的特点将给人们带来更加新奇的体验。在 5G 推动社交产品发展后，未来的社交方式将存在无限可能。

15.1 5G 时代，VR 社交独具特点

5G 在社交中的应用，最突出的就是带来了 VR 社交，那么，VR 社交具有哪些方面的特点？

VR 社交具有许多依托新技术产生的、不同于传统社交的特点，是超越 4G 时代社交的新形态。VR 社交是 5G 发展中社交媒体发展的趋势，是技术驱动下的潮流。

15.1.1 高度沉浸化

当我们满足于移动互联网及手机为沟通带来的便利时，也要明白，这些终端可能会

限制自己对社交的想象力，社交远不止沟通、交流，社交的体验也不应只有文字、语音和视频。

在未来，多样化的设备被 5G 支持后，社交场景也将从现实扩展到虚拟现实，沉浸式的视觉体验会让社交身临其境。

VR 是依托动态环境建模技术、立体显示传感器技术、三维图形生成技术构建的一种可体验虚拟世界的仿真系统，通过生成模拟环境让用户可以感知三维动态，还可以产生交互行为，让用户获得更真实的体验。

VR 社交的第一个特点就是高度沉浸化，用户可以头盔和数据手套等交互设备，进入虚拟环境中，可以与虚拟环境中的对象互动，就像在现实中一样。VR 设备可以封闭用户的视觉、听觉，使用户全身心投入其中，获得身临其境的体验。

在当前时代的社交媒体的使用中，人们之间的交流始终隔着屏幕，无法达到现实中交流的真实感，且容易产生信息被误解的情况。而在 VR 社交的虚拟现实中，高度沉浸化的体验可以使人们高度感知虚拟世界中的对象，人们在虚拟世界中的交流也更加真实，信息也被更准确传达。

“媒介即信息”观点准确地表明了互联网时代的特点，依托信息技术而发展的互联网媒介就是科技发展的符号。纵观移动通信技术发展的历史，1G 主要是提供模拟语音业务；2G 主打数字语音传输技术，可执行短信文本；3G 提高了传输声音、数据的速度，能够更好地实现无线漫游，且可以处理图像、音频、视频等媒体形式；4G 在 3G 基础上又极大地提高了速速，能够满足更多用户对于网络的要求。

从 2G 到 4G 的发展，媒介形态也由文本到图片、再到视频而发展，由雅虎、新浪为代表的门户网站发展到微信为代表的社交媒体。而即将到来的 5G 更是充满想象空间，它不仅限于图像、音频、视频，还可以借助云端产生更强大的处理能力，是可以支持 VR 的技术。

15.1.2 交互方式场景化

VR 社交的交互方式场景化是 VR 社交的特点之一。交互方式场景化可给用户带来真实的交互体验，也可以使信息传递更加真实有效。

当前社交媒体是通过文本、图像、音频、视频等形式实现的信息沟通与分享，不能在消遣、游戏中建立与他人的社会关系。但 VR 社交可以让用户获得多样的交互方式，可以进入场景中与同伴看电影、做各种游戏，在虚拟现实中建立社交关系。

交互方式场景化是 VR 社交和传统社交最大的不同。VR 的改变不是视觉成像，而是交互，VR 社交的交互方式场景化，为用户带来了更好的体验，更方便地解决了现实生活中的一些问题。随着硬件的不断发展，VR 在社交中的更多方面被应用，如远程会议、发布会等。

不仅是 VR，未来 AR、VR 的界限也会被虚化。未来社交将从平面变成立体，打破现在的人机交互，实现用户间的无障碍沟通。

与当前的即时通信不同，VR 社交更注重跨屏幕的深层次互动。如果说传统社交重视的是信息的发散，那么 VR 社交在乎的是共享的体验。尽管这一切只是模拟，但却比传统的语音、视频等更真实、有代入感，能够满足用户日益发展的体验需求。

交互方式场景化的 VR 社交与传统社交相比存在三大优势，即提升视觉享受、增强了互动娱乐性、提高了用户参与度。

1. 提升视觉享受

传统社交以图文信息为主，但交互方式场景化可以让用户在视觉效果上感到震撼。

2. 增强了互动娱乐性

相比于现在的社交软件，交互方式场景化可以充分发挥互动的娱乐性。比如：在直播互动中，当你在虚拟世界中直播时，观众并不是在屏幕外观看，而是和你在同一个世界中交互。

3. 提高了用户的参与度

在场景化的交互方式中，用户能够做在现实世界中做不到的事情，这会对用户造成更强的吸引力，提高用户的参与度。

15.1.3 具有实时性

VR 社交具有实时性是其又一个特点，这种实时性也是区别于传统社交的优势之一。

传统社交借助各种终端进行，不论是文本还是图片都有一定的延迟性，发出信息和接收信息之间有时间间隔，无法立刻还原现实的情景，即使在视频中，一问一答间也会有时间的间隔。但 VR 可以达到和现实世界交互相同的感觉，比如在用户运动中，设备会捕捉到变化，经过计算重现，在虚拟世界输出实时变化场景。

和图文社交相比，VR 社交更有吸引力。当用户在虚拟现实中和他人沟通时，可实时感受到对方的反应及回应，可以更真实地感受到对方的情绪。

因为 VR 用户需头显进入虚拟世界，因此文字输入对于 VR 社交来说就是一件难事。在此种背景下，语音社交为 VR 社交提供了一种可能，比如新增语音系统，让用户可以发起语音聊天，并与另一位 VR 用户进行交谈。

实时的语音互动将推动 VR 社交的发展，拉近虚拟世界中人们之间的关系。一家位于美国的初创企业发布了实时视频语音通信的安装包，可嵌入 VR、AR 应用中，使用户实现虚拟世界里的实时语音互动。各种 VR 社交应用都能够应用该安装包，从而优化自身的社交性能。

15.1.4 非言语传播

VR 社交可以进行非言语传播，这是 VR 社交的另一个特点。

在生活中人际交往的语言包括言语传播和非言语传播，心理学家研究显示，非言语传播中目光语、手势、面部表情、举止，以及触觉等在人际交流中占比 70%，而言语传播占比 30%。这意味着，当前的社交媒体只完成了小部分的言语传播，难以进行非言语传播。

VR 社交就完美地解决了这一问题。在 VR 社交上，人面部的表情变化、手势、动作等可以被捕捉并实时呈现在社交场景中，VR 社交可以通过非言语传播方式，尽力真实还原。

VR 社交实现了场景交互，微信或各种直播软件，都无法跨越空间距离，让用户相聚在一个地方。VR 打破了空间障碍，可以将不同地方的用户连接到同一场景中，实现在场沟通。用户创建角色后，可以使用设备中包含的一些常用场景，如聚会、开会等，在虚拟现实中，用户可以上台发言，也能通过动作来传达想法，如鼓掌等互动。用户可以和陌生人交流，也可以和现实中的朋友一起聚会，其场景布置虽很简单，但从中仍能看出这种趋势已开始展露。

VR 社交不仅能反映现实生活，其未来更让人充满想象，它可以提供给用户自由的空间，并且很多是在现实中无法达到的。在 VR 社交中，用户可自由选择使用真实形象、背景或虚拟形象、背景。VR 甚至能够让用户真实地融入二次元世界，和动漫人物交朋友。

VR 社交不是一成不变地复制线下生活，它的目的是为用户生活提供更多的可能性。

VR 在 5G 的助推下，将重构社交媒体形态，也将让我们进入到一个与现实世界高度相似的虚拟世界。

15.2 5G 带动社交产品发展

5G 的发展带动了社交产品的发展，移动端产品将产生深刻的变革，VR 直播的发展也将催生一批 VR 直播平台。依靠 5G 网络结合企业产品，加强社交属性，进行良性循环，创造新型的社交产品是企业在未来的生存之道。

15.2.1 移动端产品：视频传播成为主流

5G 将改变移动端社交方式，视频传播将成为主流。未来 5G 网络拥有高传输速度、大宽带、低时延等特点。这将使移动端产品的发展产生巨大的变革，以文字为基础的社交方式将变成以视频为主流，视频社交和短视频将更加火爆。

4G 时代因网络速度及费用等阻碍，社交方式仍以文字传播为主要手段，但随着 5G 时代来临，社交方式将不再主要依靠文字或语音，而是通过视频来交流或获取资料。短视频在当前的火爆现象预示出了未来社交的主流方式将变为视频传播。未来人们之间的交流将主要通过视频通话来进行，社交分享也会以短视频分享为主。

抖音是当前火热的视频社交 App 之一，随着 5G 时代来临，视频社交将快速发展，这也是腾讯封杀微信朋友圈短视频的原因——腾讯目前还没有可以和抖音对抗的短视频 App，封杀微信朋友圈短视频可以减缓视频社交的发展速度，为腾讯研发短视频社交 App 争取时间。

互联网的崛起让人们进入了网络化的世界，而 5G 时代的到来，使更能影响人们生活的移动端 App 快速发展。

移动端 App 的便捷化在满足手机系统完善需求的同时，更让我们的生活变得更加丰富多彩，App 已经成了一种流行的生活方式，而面对越来越多的竞争对手，企业又该如何突破市场，立于不败之地？

据统计显示，移动 App 的生命周期平均为 10 个月，1 个月时，85%的用户会删除已下载的 App，而 5 个月后，这些 App 的存留率只剩 5%。

“生得快，死得也快”就是对移动端 App 发展的真实写照，无法长久的局面是当前 App 发展面临的艰巨挑战。那么，移动端 App 怎样才能冲破发展的瓶颈，提升竞争力？在未来，发展移动端产品的重要内容如图 15-1 所示。

图 15-1　发展移动端产品的重要内容

1. 关注用户需求

发展移动端产品对用户需求的关注必不可少。社会在发展，用户的需求也在不断提高，对于企业来说，精准深入的了解用户的需求是十分困难的。需求细分是创新突破的方法之一，聚焦用户某一需求并进行完善服务，深入探索才能更长久地发展。

企业必须打破传统的思维方式，找到精细准确的用户需求立足点。当前很多企业都习惯简单粗暴式的发展模式，很少愿意细细思索，很多企业都只做表面功夫。因而，企业想要在竞争中获胜，就要摒弃传统思考方式，找寻到准确、细分的切入点并深入挖掘。

移动端产品需要有深入的传播力度。无论产品如何，精准的推广是其得以火爆的基础，或借助名人流量，或利用广告宣传，只要能在预算内达到令人满意的流量影响，对产品发展和知名度都会有促进作用。

深入了解用户需求，以精准的创新思维和完善战略来打造产品，同时投入有效的传播推广，移动端产品自然会有更好的发展前景。

2. 发展新技术、新方式

企业在对于社交产品的研发中，不仅要关注用户需求，还要紧跟时代发展潮流，才能使产品获得长远的发展。

5G 的发展日趋成熟，对人们生活的影响也更加深刻、广泛，社交产品的研发也要引用新技术。同时，短视频的火热预示了未来视频传播的发展，在未来的移动端产品中，视频传播产品将成为发展的主流。

因此在未来，企业要通过引用 5G，加强视频传播移动端产品的研发，为用户提供更多的新型社交产品。

随着 5G 在社交领域的应用，移动端产品中的视频传播产品将成为主流。企业在移动端产品研发中，要细分用户需求，以 5G 为依托研发新型的视频传播产品，同时加强产品的推广宣传，这样才能使移动端产品有更好的发展。

15.2.2 PC 端产品：市场份额将进一步减少

随着 5G 的发展，PC 端产品将逐渐衰落。PC 端产品在 PC 时代曾在人们的生活、工作中发挥了巨大的作用。但随着移动互联网的发展，PC 端产品逐渐被移动端产品所替代，但由于 4G 时代网络速度、流量阻碍等，对于流量和速度要求较高的场景仍需要使用宽带和 WiFi，这使得 PC 端产品留有较大的市场份额。

《2017 年（上）中国网络零售市场数据监测报告》显示，在网上购物方面，网上购物正在从 PC 端转向移动端，阿里、京东网上购物中，移动端在市场份额中的占比已经超过了 70%。

在网络游戏领域，2017 年数据显示，游戏市场价值为 160 亿美元，其中移动端占比为 43%，远超 PC 端 28%的市场份额。

5G 网络拥有的高传输速度、大宽带、低延时等特点，将提高移动端在购物、游戏、视频领域的市场份额。移动端市场份额将会加大，PC 端市场份额将会减少，加速 PC 端产品的衰落。

产品以用户需求为前提，其内容、设计理念和所传达的价值观，决定着产品的价值。PC 端产品相比移动端产品，存在诸多弊端，主要表现在以下几个方面。

首先，PC 端可承载的内容十分丰富，而用户一次接收的信息是有限的，多余的信息会分散用户的注意力，为其造成困扰。而移动端产品承载的内容少，产品在设计时，就有明确的目标，还要仔细推敲信息质量和交互方式。

其次，PC 端产品是基于用户或任务引导的，而移动端产品基于用户场景，PC 端在灵活的多场景运用上处于劣势。

最后，PC 端产品的开发周期长，成本高，在与移动端产品的竞争中也处于劣势。

随着 5G 的发展，PC 端产品的劣势将被进一步凸显，移动端产品的飞速发展也会拉大与 PC 端产品的差距，在市场上占有更多的市场份额，PC 端的市场份额将会进一步减少。

15.2.3 VR 直播：超高清、全景直播

5G时代的到来将推动VR直播火热发展，VR直播观看视角不再受限于固定的屏幕内，而可以随意变化，给用户带来全新的视觉体验，也增加了视频内容的表现形式。

VR 直播的优势主要表现在以下几个方面，如图 15-2 所示。

图 15-2 VR 直播的优势

1. 沉浸感

VR 直播与普通直播最大的区别在于视觉体验，屏幕将不复存在，每位用户都是第一视角，观看范围也由用户自己决定。

用户可以沉浸在现场中，当 VR 直播中是一片大草原时，用户可看到草原的天空，草地和远处的羊群，可以抚摸脚下的小草，感受耳边吹过的微风，这一切都是可以真实感觉到的。

2. 实时性

VR 全景直播没有视频死角，直播时现场的景象、信息可以实时获取。

3. 精准性

由于视角自由，使得内容信息更加精准，谎言与虚假内容将无处藏身。

VR 直播以其高度沉浸、实时、准确的特点将原本就火热的直播变得立体、真实，仿佛身临其境。

VR 直播将改变直播模式，当 VR 技术发展成熟之后，只有 VR 直播的立体体验才能满足用户需求。同时，许多企业都加快了对于 VR 直播应用的研发。

在我国，VR 技术为传统媒体行业提供了新的发展思路，2018《中国广播电视年鉴》显示，传统电视行业将大力发展 VR，中国广电将与触信智能科技有限公司合作，打造“中国广电 VR”，这其中就应用了全景实时互动、多屏互动等技术。

VR 直播将实现不同系统的手机、电视、智显终端间的互动和信息的实时共享，用户能够在电视中观看 VR 视频，或扫码实现 VR 沉浸体验，用户可移动式体验 VR。用户可实现全景拍摄，并可实现共享互动，也可实时与他人全景直播。

这表明电视将是 VR 直播的重要设备之一，VR 直播的范围也会更加广泛，VR 体验的普及也将提高。

VR 直播不仅在影视行业大有可为，各行各业都可引入 VR 直播，它普遍存在于社交中的方方面面。

在旅游中，VR 直播就是十分有效的宣传工具，给游客带来沉浸真实的感受，获得前所未有的旅游交互体验，让宣传更具体验性，激发游客的旅游欲望。游客也可以在出发之前，通过 VR 直播准确获取景区的环境信息，避免被照片等欺骗。

在体育赛事中，VR 直播弥补了无法去现场的遗憾，将紧张、激烈的比赛搬至观众眼前，戴上 VR 眼镜便可同步感受比赛情况。

房地产行业也可以与 VR 全景直播完美融合，顾客可以在 VR 直播中看房子及周围的环境，这可以提升顾客的购房体验，减少其时间成本，缩减交易周期，也减少了房地产企业的人力成本。

VR 直播应用场景的拓展，将为影视、婚庆、教育、农业、企业管理等领域带来更多的发展空间。

同时全景拍摄硬件设备和应用的升级优化，也使得其用户将越来越大众化，未来人人都是 VR 直播的创造者和观看者。

15.3　5G 下的社交未来

5G 的特性与社交具有高度的适配性，其应用将给未来的社交带来更加智能化的体验，5G 在社交行业的应用具有广阔的发展前景。在未来，5G 在社交行业的发展将极大地推动 VR 社交、全息影像、触觉互联网等应用的发展。

15.3.1　VR 社交：丰富社交场景

VR 社交是指运用 5G、动作捕捉等技术实现的社交。它不同于传统社交的抽象化，它可让人完全沉浸到场景中进行互动、能感触真实的体验。

VR社交以其虚拟现实的特点，极大地丰富了人们的社交场景，在未来，VR社交丰富场景的表现主要有以下3个方面。

1. 对于游戏

传统的游戏都是独自操控，而VR社交游戏则可以让用户和同伴一起体验一个游戏，形成多人游戏的新方式。

VR社交游戏有两种形式，一种是共享观念，把用户在虚拟现实中看见的物品分享出来，这时处于一旁的旁观者可以从屏幕上看到，可共同参与；另一种是多人游戏，一个玩家用VR设备，另一个用控制器控制的电视或手机，两个人通过配合玩一个游戏，这样在只有一个VR设备的情况下，也可供多人参与其中。

2. 对于休闲娱乐

社交的本质要么是“多对多”，如朋友圈、QQ群等；要么是“一对多”，如主播、公众号等；要么是“一对一”，如私聊、现实的约会等。

如一对多中的明星和粉丝的关系，在VR时代中，新时代明星依旧火热，VR虚拟环境中构建的特效舞台，是无数追求浪漫梦幻的年轻人最喜欢的天地，VR给了所有人一片属于自己的自由行业。

在日常休闲娱乐中，VR社交可依托虚拟现实和体感技术创造休息室、花园等虚拟环境，在这种环境中，人们可以互相对话或玩乐，并且这都是通过第一人称视角感受的。

习惯了与朋友一起参与集体活动，而用户却又身处异乡时，便可通过VR社交与异地的亲朋好友一起玩游戏、逛街。这就是VR社交带来的乐趣，在虚拟场景中不仅能与朋友交流，还能够真实感触到对方。

3. 对于办公

当生病或有事的时候，想请假又忧心工作怎么办？有了VR社交，也许将变革工作方式，让用户可享受在家办公的乐趣。或许在家办公更能激发动力，更能舒缓压力，放松心情。

VR社交的玩法与社交软件不同的是，虚拟世界是创造一个世界出来，然后用户自由进行社交活动。这可能是对当前的社交软件杀伤力最大的玩法了。

15.3.2 全息影像：建模更逼真

全息影像的原理是利用光学原理，使影像在空间浮现出来，并显现出立体的效果。全息影像荧屏是更先进的显示设备，具有高清、耐强光、超轻薄等众多与众不同的优势。

例如，全息影像可以显现出虚拟的立体人物，动作、表情和真人一样，相比 VR，全息影像的建模更加逼真，同时支持多人多角度观看，可以带来更真实的体验。虽然其有诸多优势，但其实现难度也很高。

全息影像通信通过 5G 的高速度，可以传送更大量的 3D 视频信号，为用户呈现出更加真实的世界，在交互性上有了巨大飞跃，对互联网社交有深刻而巨大的影响。当前，三星、Facebook 等科技巨头都十分注重对该行业技术的研发，更加展示出全息影像技术应用的广阔前景。除此之外，国内研发全息投影技术的企业也越来越多，据统计，目前已达千余家全息投影企业，市场容量也升至百亿级别。

例如，在 2019 年 3 月 5 日，韩国电信企业在首尔的 K-live 全息影院召开记者会，向观众们展示了 5G 全息影像通话技术。记者会上，该企业利用 5G 和全息影像投影等技术，实现了韩、美两地嘉宾同场互动，引发了观众对未来通信技术发展的遐想。

该记者会由韩国电信企业和美国 7SIX9 娱乐企业等一起举办，目的是庆祝专辑《The Greatest Dancer》第一支单曲成功发行，而此专辑是为纪念著名歌星迈克尔·杰克逊诞生 60 周年而制作的。在现场，由韩方负责人通过全息影像与美国洛杉矶负责人通话，邀请洛杉矶美方负责人利用全息影像技术身临现场，并顺利与现场来宾、记者进行实时互动。

此次活动把全息影像系统和 5G 移动网络相结合，在相隔近万公里的韩、美两地实现了全息影像通话。可以想象，未来利用该技术，异地的人们可打破空间限制，实现实时同场交互。

目前，通过现有技术水平，5G 全息影像通话技术能够在演唱会、新闻发布会等活动中实现商业性使用。未来随着技术的不断发展，其呈现效果会更加清晰真实。

15.3.3 触觉互联网：跨越空间真实接触

互联网的发展满足了人们的视听需求，那么如果互联网能够带来人们触觉的体验，那将会怎样？在我们了解了 5G 的优势及发展状况之后，就会觉得触觉通过互联网打破空间限制，实现真实接触是十分有可能的。

什么是触觉互联网？触觉互联网是指人们可以通过网络控制现实或虚拟的目标，为实现这一操作，触觉交互需要触觉控制信号和图像、声音的反馈。

让触觉互联网成为现实，数据传输速度的加快必不可少。目前，5G 的速度标准是使数据传输速度达到 4G 的数千倍，未来 5G 高速的传输速度为未来触觉互联网的出现提供了可能。

虽然触觉互联网的实现过程十分困难，但这也难挡研究人员对其的兴趣。瑞典通信巨头爱立信已确定要来投资这项科技，韩国的三星企业也认为 5G 可以让触觉互联网变为现实。

假使 5G 已经达到了理想的高速度，对于触觉互联网来说，还需要让用户接收到触觉。因此，必须找到为触觉编码、把数据转化的方法。

许多专家和机构都为此项研究做出了实践。例如，制作由微机电系统组建的传感器，利用此传感器触碰东西时，触碰部位会对触感的强度、质量进行编码，通过数据转化让人感受到不同物体的质感。

还可以把这些触感数据上传云端，用户可以用传感器把数据转换成触觉来体验。而支持触觉体验的设备可以是手套、类似柔性外骨骼的肌肤，也可以是类似操纵杆的用户界面。

例如，哈佛就开发了装有传感器的触觉接收手套。由功能性纺织品制成，十分灵活。手套装有低功耗的微处理器和实时监控手套张力的传感器，戴上手套后，人们可以获得虚拟世界里真实的触觉体验。

触觉互联网的应用会给我们未来的生活带来更多可能，比如，当汽车在行驶过程中发生故障时，通过触觉互联网，维修人员在店里即可远程进行诊断甚至指导维修。

为了能够在更多的场景中使用触觉互联网，华为也投入了大量人力、物力、财力来研究 5G。相信随着众多研究人员的不断研究，未来触觉互联网必将极大地改变我们的生活。

第 16 章

5G 已来，国家与企业之间的竞争

5G 的潜力是无限的，它不仅让物联网的智能设备成为主流，还改变了未来的社会管理模式，5G 在未来将拥有广阔的发展前景。5G 的发展必然存在着国家与企业的激烈竞争，不少国家与企业纷纷加快了 5G 研发的脚步。

16.1 美中韩日的 5G 发展现状

当前许多国家都十分重视 5G 的发展，美国在部分城市率先推出 5G，并进行 5G 项目的研发；中国正在全方位布局 5G，推进其在各行业的应用；韩国也在紧锣密鼓地部署 5G，致力于减少通信延迟；日本也加快了 5G 布局的脚步，希望在 2020 年东京奥运会上使用该项技术。

16.1.1 美国："先进无线通信研究计划"

美国早在 2016 年就已确立了"先进无线通信研究计划"，这个计划重点就是 5G 的研发，因此美国在 5G 的研发应用中比其他国家略胜一筹。

"先进无线通信研究计划"的领导机构是美国科学基金会，将花费四亿美元，在四座城市建设试验性的 5G 网络。

这四亿美元来自多个渠道，包括美国科学基金会和三星、高通等科技公司。另外，AT&T 和美国移动通信行业也将为该计划提供技术支持。

美国科学基金会自 2017 年开始研究 5G 试验网络，而美国移动运营商 Verizon 等公司，已开始联合诺基亚进行 5G 网络的研究。

同年 7 月，美国联邦通信委员会表决决定，将给 5G 网络分配出所需的高频无线电频率资源，同时表示，预计第一个成熟的 5G 网络将会在 2020 年启用。Verizon 等运营商会在此之前率先在几个城市启用 5G 网络。

2018 年 10 月，Verizon 推出了 5G Home 服务，有 4 个城市拥有这项服务的优先使用权，这将使美国家庭拥有快速的无线宽带体验。5G Home 是 Verizon 通过联合多家厂商不断改进才制定出的标准。

Verizon 推出的 5G 服务是 5G 行业和电信市场的一个里程碑，这是因为它是基于 5G 的宽带服务第一次的大规模商用发布，该服务展示了 Verizon 如何利用经典的营销技巧来商用 5G，从而推动其市场推广，并在美国家庭宽带市场上抢夺市场份额。

5G Home 服务平均速度约为 300Mbps，且没有流量上限。Verizon 已经在休斯敦、印第安纳波利斯、洛杉矶、萨克拉门托四个城市推出此项服务，其提供室内 5G 家庭网关的免费安装服务，并可提供室外天线。

Verizon 5G Home 是“先进无线通信研究计划”中的成功尝试，随着计划的不断深入，更多更先进的服务将会不断产生。

16.1.2 中国：试点城市出炉

2018 年 2 月，世界移动通信大会在西班牙巴塞罗那开幕，5G 依然是此次大会的亮点。在这次大会上，华为首次推出了 5G 商用芯片，打破了 5G 终端芯片的商用壁垒；中兴则推出了 5G 全系列基站产品，很多制造商宣称 2019 年 5G 手机将公众于世。

此外，中国的三大运营商都分别对外宣布了自己的 5G 试点城市，一共包括 13 座城市。

中国移动将在杭州、上海、广州、苏州、武汉开设试点，并将在其中建设 5G 基站一百多个。

中国联通将 5G 试验城市设在北京、天津、上海、深圳、杭州、南京、雄安这几个城市。

中国电信将在成都、雄安、深圳、上海、苏州、兰州这几个城市开通 5G 试点。

三大运营商的试点城市一共有 13 座，以后还会通过观察试点的情况，增加试验城市的数量。在这三大运营商的试点中，上海是所选的试点城市中都被三大运营商选中的城市。

试点城市的选择不是随意的，都选择在了经济发达、交通便利、人口密集的城市展开。涉及二十余个应用场景，覆盖城区、郊区、湖面、城中村等地区，并将建设广泛的车联网区域。

除了试点城市外，中国移动还将在北京、深圳等 12 个城市开展 5G 业务应用示范，主要包括在增强现实、虚拟现实、无人机等方面的应用。

在未来，随着三大运营商在 5G 领域的研究发展，5G 也将扩展到更多的城市和地区，最后遍及全国。

16.1.3 韩国：冬季奥运会启用 5G 通信

韩国 5G 的发展也有所成效，在 2018 年韩国就将 5G 使用在了平昌冬季奥运会中。

韩国在冬奥会上使用了导航工具—AR Ways，它可以为观众提供导航路线，也可以帮助观众精确地找到奥运会场的座位。平昌奥运会还使用了 G80 无人驾驶汽车，接送观众往返于会场，为了保证信号的快与稳定，韩国在冬奥会的举办城市实现了 5G 的覆盖。

韩国这场冬奥会的转播也利用了前所未有的方式——虚拟现实赛事转播，让观众可以选择不同的角度来观看比赛，也可以随意对比赛进行回放。这场韩国的冬奥会让观众有了与传统观看体育赛事不一样的感受。

韩国冬季奥运会率先使用了 5G 通信技术，这也让运动员得到了更好的体验，例如：为滑雪运动员专门设计的运动服，可以在赛事上发生紧急情况下帮助运动员防止出现身体上的伤害；一种新的碳纤维、更轻更强的雪橇的出现，让运动员可以更好地运用雪橇，赛出好成绩。

韩国冬奥会启用的 5G 通信让观众感受到 5G 所带来的不一样的震撼体验，这也让各个国家都要加快部署研究 5G 的发展步伐。

16.1.4 日本：东京奥运会前实现 5G 商用

日本为了 2020 年东京奥运会的开幕，不断进行 5G 研发，并希望在 2020 年东京奥运会上应用该技术。

日本三大电信运营商2020年将会在部分地区推出5G服务，约到2023年将5G服务于日本整个国家。日本在5G的实验将主要应用于娱乐和旅游方面，还将利用5G解决偏远地区的劳动力和资源短缺的问题。

日本将会在2020年东京奥运会上应用360度视角的8K高清视频。对于那些距离较远的比赛项目，观众不必再使用望远镜进行观看，就能够观看到运动员的在运动场上的精彩赛事。借助虚拟现实体验和5G网络的快速稳定，观众通过电视、头盔或无线设备可以观看到虚拟现实的比赛。

通过传感器和5G的应用能够改变观众的出行方式。例如，将人脸识别技术应用于场馆入口与安防等场景。保证场馆入口的智能化，又保证了进入场馆的观众的安全。

运动员通过5G进行训练和比赛，这对运动员来说也是新的竞争方式。在训练时通过获取数据并进行分析，有利于运动员有针对性地调整训练，提高竞争力。

在5G的推动下，运动员通过智能设备进行虚拟现实模拟，有利于帮助运动员提升自身能力。

16.2 各有优势的四大主流5G RAN供应商

在5G商用的部署的不断发展中，5G RAN供应商的出现加速了5G的发展。

各大供应商的通过对这些标准版本的不断测试，为以后的标准定稿。这有利于5G的稳定性和安全性，同时，也可以确保供应商的5G解决方案在网络中更具有可操作性。

16.2.1 华为：5G 愿景核心为 Cloud RAN

在未来，无线产业将因迈向5G而产生巨大变化，由于网络架构的不同，如何实现4G与5G的无缝衔接是发展5G的重点问题。华为将云技术引入无线网络，提出Cloud RAN架构，以此构架来满足未来5G产业发展的要求。

Cloud RAN架构经历了三个阶段的发展，最终才出现核心的Cloud RAN。

第一阶段是传统的Cloud RAN。运营商在对网站进行创建的时候，每一种的接入制式都是单独硬件设计，并有独立的运营团队。

第二阶段是 Single RAN。在不同制式下，所有的制式使用同一个硬件，共同传输，共同进行网管。这样可以减少运营商规划和维护的成本。

第三阶段才是核心 Cloud RAN。将云的技术连接到无线接入网，Cloud RAN 可以支持不同空口技术的接入，其中有三个要点。

（1）云化架构：在云化架构的体系下，可以使 Cloud RAN 具有灵活的结构，保证 5G 的稳定性。

（2）多技术连接：Cloud RAN 新架构增加了系统的原生能力，让资源可以最大程度的融合，让用户感受到极致的体验，以此来应对业务的不确定性。

（3）实时与非实时分层结构：在此结构下，网络功能可实现按需配置和管理，使用更加灵活，满足了商用的要求。

Cloud RAN 的驱动力来自三个方面。一是来自运营商的商业驱动，要想发展 5G 网络、满足行业诉求，并将业务扩展至不同行业。运营商必须有灵活的网络架构，需要云技术对当前网络架构进行改造，而 Cloud RAN 就可为这种改造提供技术支持。

二是来自用户体验的驱动，当前的手机终端只能在单连接的前提下进行工作，若能同时接收不同站点的信号，用户体验速将得到显著提升。Cloud RAN 能够将全部接入技术统一于一个平台，以多连接的方式使用户获得极致体验。

三是来自运营商频谱的驱动，很多运营商都会拥有 7、8 个频段，离散频谱的现状是 5G 发展的难点，运营商需要考虑怎样高效地利用频谱来为用户服务。而 Cloud RAN 可以帮助运营商有效的利用频谱来完成其目标。

Cloud RAN 将成为 5G 无线接入网部署的新标准，能够满足更多的诉求，因此在未来，它可以帮助运营商挖掘更多的商业机会。

16.2.2 爱立信：推出新 RAN 产品组合

为了满足供应商的需要，爱立信推出了 RAN Compute 产品，其架构可以灵活地分发 RAN 功能。

除了 4 个新的 RAN Compute 产品，其产品组合还包括基带，提供更高容量的网络服务。新的基带使供应商能够部署 RAN 功能，而新的 RAN 无线电处理器使 RAN 功能更靠近无线电设备，以便增强宽带、降低延迟。

爱立信推出了新的频谱共享软件，能够实现同一频段的 4G 和 5G 间的无缝衔接。

如果将某些4G频谱格式化为5G，这项技术就可以派上用场。不是将整个频谱转换为5G，而是转化被需要的那一部分。也就是说，如果存在5G用户，则基站就会转化一部分频谱资源提供给5G，如果没有5G用户，则将频谱资源分配给4G。

爱立信还通过增加Juniper网络，以及依托ECI电信技术来解决其传输问题。

爱立信路由器6000系列将补充进Juniper网络的核心解决方案，使其完成从无线电小区到核心的连接，提高5G系统的性能。

爱立信还将与弹性网络解决方案的供应商ECI达成合作，补充其地铁光传输产品。Juniper和ECI的传输解决方案可为爱立信的传输产品提供技术支持，使其拥有更好的传输功能。

16.2.3 诺基亚：发布“5G-Ready”AirScale基站

2016年，诺基亚就已建设了“5G-Ready”AirScale基站，虽然在MIMO的商用化上，诺基亚的发展速度比较慢，但诺基亚推广了MEC技术，其Cloud RAN产品也很全面，包括基站和虚拟控制器。

诺基亚AirScale将目光放在不同无线类型的市场上，力求在同一基站上提供对多种网络标准的支持。AirScale基站可以强力覆盖更多的区域，物联网设备也将得益于此。

同时，诺基亚也通过寻找未授权频谱来填补连接上的空白。AirScale Wi-Fi也会提供小型接入点和小型Wi-Fi模块。

诺基亚于2017年推出了Anyhaul移动承载解决方案，包括用于前传、中传、回传的5G Ready解决方案，包括微波、光纤、IP、宽带几个部分。

诺基亚的5G承载解决方案以10GE站点连接作为标准，并实现SDN和虚拟化，以满足更高的业务要求。

16.2.4 中兴通信：率先提出“Pre5G”概念

中兴Pre5G是4G演进加上5G的提前应用，Pre5G具有4G终端兼容性，以及更高的速度等特性，Pre5G支持5G关键技术，并能够支持5G的新业务。

为了向5G演进，Pre5G是将一些5G关键技术在现有网络中进行了部署，以提升运营商网络的整体性能表现。

中兴 Pre5G 是商用 5G 网络前运营商应对挑战的升级方案，体现为以下几点。

（1）在频谱资源方面，中兴 Pre5G 能够提升 5 倍的频谱效率。

（2）在室内覆盖方面，Pre5G 能够以单个站点解决高楼的室内覆盖，同时可以提高室内覆盖的速度并降低成本。

（3）在基站资源方面，Pre5G 通过单站大容量减少基站数、现有站点平滑升级和灵活布站等多种方式来解决。

（4）在 4G 存量网络方面，Pre5G 很多技术是在现有网络上的演进，并不需要大量的投资改造。

（5）在 4G 终端兼容方面，Pre5G 不用更改空口结构，可兼容所有 4G 终端。

Pre5G 具备 4 大核心技术，包括 Giga+ MBB（超千兆位移动宽带）、Superior Experience（极致体验）、Massive IoT（海量物联）和 Cloudization（云化）。

首先，Giga+ MBB 是为解决高端热点地区的用户体验，如商务区、商业街等面临的挑战，可解决容量需求、覆盖面积需求及终端兼容等问题。

其次，Superior Experience 方案是 Pre5G 针对用户体验推出的技术改进方案，包括降低时延、增强的移动视频体验等。

再次，中兴通信与中国移动合作率先完成了 NB-IoT 概念验证测试。NB-IoT 不仅具有覆盖、容量、成本、寿命方面的优势，还可以在当前无线网络基础上，通过升级与改造就可以快速开展业务，使运营商可以快速切入行业市场，打开商机。

最后是云化。中兴将网络云化发展分为 4 个阶段：第一，NFV 阶段，进行软硬件虚拟化；第二，IaaS 阶段，实现资源的灵活调度；第三，PaaS 阶段，提高了网络开放能力，提供开放的创新平台；第四，XaaS 阶段，实现网络开放及切片，为用户提供专有网络。

Pre5G 以诸多优势接近于 5G 的网络性能，能够帮助运营商提前实现面向 5G 的业务体验应用。

反侵权盗版声明

举报电话：（010）88254396；（010）88258888

传　　真：（010）88254397

E-mail：　dbqq@phei.com.cn

通信地址：北京市万寿路 173 信箱

　　　　　电子工业出版社总编办公室

邮　　编：100036